AF525714

Ritter Restaurierungen

Alte Märklin-Modelle in neuem Glanz

RITTER RESTAURIERUNGEN

Alte Märklin-Modelle in neuem Glanz

HEEL

Inhalt

Vorwort

„Alte Knaben haben genauso ihr Spielzeug wie die jungen, der Unterschied liegt lediglich im Preis.“ Benjamin Franklin

Die Firma „RITTER RESTAURATIONEN“ beschäftigt sich mit Spielzeug, mit altem Spielzeug. Wenn Sie Spielzeug hören, dann denken Sie zunächst vielleicht an Kinder. Und damit liegen Sie vordergründig auch richtig. Die Zarenkinder im alten Russland sollen schon im 18. Jahrhundert eine Spielzeugbahn bekommen haben mit einem Antriebsteil und daran angehängten Wagen zum Personentransport. Schienen dazu gab es nicht, die Räder hatten auch keine Spurkränze. Eine derartige Spielbahn würden wir heute als Bodenläufer bezeichnen. Bemerkenswert daran ist aber vor allem die Tatsache, dass es zu dieser Zeit noch keine echte Eisenbahn zum Personentransport gab. Von wenigen Vorversuchen abgesehen, gab es die erste verkehrswirksame solche Bahn erst 1825 in England. Gebaut wurde sie vom bekannten Ingenieur George Stephenson, der kurz darauf auch den berühmten „Adler“ konstruierte, der ab 1835 die Strecke Nürnberg – Fürth befuhr. Die Spielzeugeisenbahn ging der echten Eisenbahn also voraus.

Das gilt für viele technische Errungenschaften der heutigen Zeit. Lange vor dem ersten Flugzeug, lange vor dem „Schneider von Ulm“ oder Otto Lilienthal, gab es bereits flugfähiges Spielzeug. Heute würden wir Modellflugzeug dazu sagen.

Im spielerischen Umgang mit den Gesetzen der Natur entdeckte Georg Simon Ohm grundlegende Gesetze der Elektrizität. Lange vor der ersten Dampfmaschine, die im 19. Jahrhundert das industrielle Zeitalter einläutete, soll es bereits kleine „Spielzeug“-Dampfmaschinen gegeben haben, die der großen Dampfmaschine den Weg ebneten.

Dies sind nur einige Beispiele, die zeigen, welche Bedeutung das Spielzeug und das Spielen für die Entwicklung der Menschheit hat, vor allem für die technische. Ohne den „homo ludens“, den spielenden Menschen, der getrieben von Neugier und Entdeckertrieb zunächst allerlei spielerisch ausprobierte, wäre unser heutiges technisches Lebensumfeld wohl weitaus weniger entwickelt. Überspitzt formuliert würden wir ohne diesen menschlichen Drang heute noch „auf den Bäumen“ leben.

Getrieben von den Themen ihrer Zeit, treibt auch die Spielzeugindustrie mitunter seltsam anmutende Blüten. So wurde in der Zeit um den ersten Weltkrieg und in den 1930er-Jahren in Spielzeugkatalogen eine Fülle an Kanonen, Panzern und Schlachtschiffen angeboten, ja sogar aus einer Formmasse gebildete wundgeschossene Soldaten als „Ladegut“ für einen Spielzeug-Lazarett-Eisenbahnwagen. Beispiele gibt es noch mehrere. Offenbar kamen solche Produkte aber vor allem in der Zeit um den ersten Weltkrieg nicht so erfolgreich auf dem Markt an. Entsprechend selten sind diese heute und erzielen auf Fachauktionen mitunter sehr hohe Preise.

Unser Familienbetrieb beschäftigt sich mit altem, technischem Spielzeug. Vor allem mit nostalgischen Spielzeugeisenbahnen, die sich inzwischen zur Modelleisenbahn entwickelt hat. Aber auch Spielzeugautos, -schiffe und -flugzeuge gehören zu unserem Tätigkeitsbereich. Da reparieren und restaurieren wir, fertigen benötigte Ersatzteile an und stellen auch komplette Replika nach alten Vorbil-

Gernot Ritter vor einer Vitrine mit von ihm gebauten Modellen.

dern her. Man könnte meinen, das sei eine sehr überschaubare Sache. Weit gefehlt!

Dieses Buch beschäftigt sich in erste Linie mit Erzeugnissen der Firma Märklin. Mit deren Geschichte und ihrem Wandel im Laufe der Zeit. Diese Einschränkung hat wesentlich mit der Geschichte unserer eigenen Firma zu tun. Zum einen dominieren die Erzeugnisse der Firma Märklin den Sammlermarkt, zum anderen haben wir uns selbst von Kindheitstagen an mit diesen Produkten beschäftigt.

Selbstverständlich gab es auch eine ganze Reihe anderer Hersteller, vor allem aus Nürnberg, aber z.B. auch aus Biberach, Ellwangen und anderen Orten. Von den jeweiligen Gründerfirmen hat jedoch nur Märklin bis heute überdauert.

Die Stücke, mit denen wir uns befassen, haben alle eine Geschichte. Beispiele solcher Geschichten werden in diesem Buch erzählt. Einige davon haben mit dem Krieg zu tun. Solche Geschichten regen auch sehr zum Nachdenken an, wie wir unsere Gegenwart gestalten oder auch nicht gestalten sollten. Denn aus der Gegenwart wird unsere Zukunft gemacht. Der können wir uns am besten mit einer gesunden Portion spielerischen Antriebs nähern. Denn Spielen macht Freude und Freude ist Sinn und Zweck unseres Tuns.

Fangen wir also an, zu spielen

Märklin „Württemberger C" –
die schöne Württembergerin"
in Spur 1 von 1909

Kapitel 1

Vom Spielzeug zum Modell

Märklin „ECE“ in Spur 1

Zu Beginn der Blecheisenbahn ging es allein um Spielzeug. Die Modelle von Lokomotiven und Wagen, auch das Zubehör, hatten bestenfalls eine grobe Annäherung an tatsächlich im Großbetrieb existierende Stücke. Das ist auch sehr verständlich, liegen die Anfänge von Märklin ja beim Puppenspielzeug, wie etwa Puppenküchen. Spielzeugbahnen haben bereits vor Märklin die Firmen Rock & Graner in Biberach, aber auch die Firma Lutz in Ellwangen hergestellt. Bereits in den 1880er-Jahren hat sich Märklin, jedenfalls teilweise, um den Vertrieb von Lutz-Artikeln gekümmert. 1891 übernahm Märklin dann die Werkzeuge der Firma Lutz. Im gleichen Jahr stellte Märklin dann auch eigene Erzeugnisse für die Spielbahn her.

Epochen der deutschen Eisenbahnen

In der Welt der Modellbahner unterscheidet man für die Fahrzeuge (Lokomotiven und Wagen) des Großbetriebs verschiedene Epochen. Wir beschränken uns in unserer Betrachtung auf Deutschland.

Epoche I: Das ist die Zeit der Länderbahnen. Historisch gesehen geht sie von den Anfängen 1835 („Adler“, Strecke Nürnberg – Fürth) bis zur Gründung der Deutschen Reichsbahn 1920.

Epoche II: Diese Epoche umfasst die Zeit der Deutschen Reichsbahn. Sie reicht von 1920 bis zur Gründung der Deutschen Bundesbahn 1949.
Ab Kriegsende stand die Bahn unter der Kontrolle der Alliierten. Neuentwicklungen gab es erst wieder bei der Bundesbahn.

Epoche III: Es folgt die Zeit der Deutschen Bundesbahn, in Ostdeutschland der Deutschen Reichsbahn (Ost). Diese Epoche endet mit der Einführung der europäischen UIC-Beschriftung (Union internationale des chemins de fer). Der Gedanke hinter dieser Idee ist die technische Normierung des Bahnwesens. Diese ist vor allem bei grenzüberschreitendem Bahnverkehr von Bedeutung. Die Änderung der Fahrzeug-Beschriftungen dauerte mehrere Jahre. Der Übergang von Epoche III nach Epoche IV ist daher zeitlich gedehnt.

Die Epoche III reicht bis etwa 1968. Da die Umstellung auf die UIC-Beschriftung nicht zeitgleich erfolgte, ist das Ende der Epoche III nicht ganz klar definierbar.

Epoche IV: Diese beginnt mit der Umstellung auf die UIC-Beschriftung. Sie dauert bis zur Vereinigung der Deutschen Bundebahn mit der Deutschen Reichsbahn (Ost) zur neuen Deutschen Bahn im Jahr 1994. Weitere Merkmale sind beispielsweise neue Farbgebung für Triebfahrzeuge und Wagen („Pop-Farben“) bei der Bundesbahn, um das Bahnreisen attraktiver zu machen. Bei der Reichsbahn (Ost) endete in dieser Epoche die Dampfloktraktion.

Epoche V: Hier erfolgt die Zusammenlegung der „Deutschen Bundesbahn“ (West) und der „Deutschen Reichsbahn“ (Ost) zur „Deutschen Bahn AG“ (DB AG).

Derzeit leben wir in der Epoche VI: Wesentliches Merkmal dieser Epoche ist die Erweiterung des Bahnbetriebs durch private Anbieter. Die Infrastruktur, z.B. Schinennetz, wird von der DB zur Verfügung gestellt.

Das war ein kurzer Überblick über die Einteilung in Epochen der deutschen Eisenbahnen, wie sie in der Welt der Modellbahner üblich ist.

Märklin „Adler“ in Spur 0, von 1935

Sammler-Epochen der Spiel- und Modellbahnen

Auch in der Welt der nostalgischen Spiel- und Modellbahn hat sich eine Art Epochensystem etabliert. Dieses ist weniger umfangreich. Man unterscheidet: Uraltzeit, Vormodellzeit und Modellzeit. Die aktuelle Supermodellzeit (auch Finescale-Zeit) gehört nicht mehr in die Reihe der nostalgischen Epochen, mit denen wir uns beschäftigen.

Uraltzeit

Diese bezeichnet die Erzeugnisse für Spielzeugbahnen von den Anfängen 1835 bis zum ersten Weltkrieg. In dieser Zeit war ein maßstabsgetreues Modell eines großen Vorbildes nicht üblich, vermutlich vom Markt auch nicht gefragt. Schließlich ging es in erster Linie um Spielzeug. Für dieses war es vollkommen ausreichend, wenn eine Dampflok neben Kessel und Führerstand einen Kamin und wenigstens einen Dom hatte und natürlich ein Fahrwerk. Die Dampflok sollte lediglich als solche erkannt werden. Sie musste keinem konkreten Vorbild entsprechen. Immerhin entsprach aber bei den mit Spiritus geheizten Exemplaren der Antrieb recht gut dem des Vorbilds. Großzügig ausgelegte Nachbildungen von elektrisch betriebenen Lokomotiven gab es zwar auch schon, aber nur wenige. Die Elektrifizierung der großen Bahn war noch im Entstehen. Falls elektrisch betrieben, entsprach dies ebenfalls sehr gut der Traktionsart des Vorbilds. Was uns heute an solchen Stücken der Spielbahn als so nostalgisch erscheint, wurde damals vermutlich als letzter Schrei moderner Technik empfunden.

Als Beispiel der Uraltzeit: die „CL 3021“, von etwa 1908

Die D-Zugwagen wurden im Laufe der Zeit immer länger.

Vormodellzeit

Die nach dem ersten Weltkrieg – vornehmlich in den 1920er-Jahren – angebotenen Neuheiten liegen in der Gestaltung erkennbar näher am großen Vorbild. Bemerkenswert ist, dass Märklin die konkrete Benennung des jeweiligen Vorbildes vermeidet. Die 1929 als „HR" vorgestellte Nachbildung der Schnellzug-Lokomotive Baureihe 01 der Deutschen Reichsbahn wird im Katalog lediglich beschrieben als: „Naturgetreues Modell einer modernen deutschen Einheitslokomotive". Im gleichen Jahr erschien die Nachbildung der schweizerischen E-Lok „Ae3/6" mit der Katalogbezeichnung „HS". Diese wird im Katalog beschrieben: „Naturgetreue Nachbildung einer modernen elektrischen Lokomotive". Selbst der Hinweis auf die Schweiz fehlt. Die genannten Lokomotiven und Wagen sind jeweils nur Beispiele. Andere Beispiele lassen sich finden, doch deren Aufzählung würde den Rahmen des Themas überschreiten.

Die Annäherung an die Vorbilder lässt sich auch bei den Eisenbahnwagen zeigen. Als Beispiel sei die Entwicklung der 4-achsigen D-Zugwagen mit Drehgestellen jeweils für die Spur 1 genannt. Das „D" steht für „Durchgang" und bedeutet, dass man im Großbetrieb auch während der Fahrt von einem Wagen zum nächsten gelangen konnte. In der Uraltzeit wurden solche Wagen beispielsweise unter der Katalogbezeichnung „1841" bis „1843" angeboten. Deren Länge betrug rund 32 cm. Die Folgeserie, erstmalig angeboten im Nachtragskatalog von 1913 mit den Nummern 1931 bis 1933 waren bereits 40 cm lang. Anfang der 1920er-Jahre (im Nachtragskatalog zum O19) erschienen – passend zur Vormodellzeit – die Wagen „1945" bis „1947" mit jeweils 53 cm Länge. Die entsprechenden Wagen in der Modellzeit hatten die Nummern „1941" bis „1944" und wurden mit einer Länge von 57 cm etwa Mitte der 1930er-Jahre angeboten. Nicht nur in der Länge, auch im gesamten Erscheinungsbild näherten sich diese D-Zugwagen immer mehr dem Vorbild an.

Bei einer solchen Betrachtung ist allerdings zu beachten, dass zeitgleich auch im Großbetrieb die Länge der D-Zugwagen zunahm. So hatten um das Jahr 1900 D-Zugwagen der „Preußischen Staatsbahn" eine Länge von rund 18 m. Die „Rheingoldwagen" der „Deutschen Reichsbahn" hatten 1928 bis in die späten 1930er-Jahre bereits 23,5 m Länge. Bei den genannten Beispielen war die Länge der Wagen um rund das 1,3-Fache gewachsen. Die Länge der Märklin Wagen hatte im gleichen Zeitraum um etwa das 1,8-Fache zugenommen.

„E 66/12920“ in grüner Lackierung von 1932

Modellzeit

Diese begann in den frühen 1930er-Jahren. Bei den Lokomotiven wurden zunächst bereits vorhandene Modelle verfeinert. Die 1929 erschienene „HR“, Nachbildung der Baureihe 01, wurde 1932 ersetzt. Die Bezeichnung „HR“ wurde beibehalten, die Technik des Richtungswechsels bei der elektrischen Version hatte sich geändert, aus „HR 65“ wurde die „HR 66“ (s. Kapitel „Antriebstechnik“). Vor allem aber war die neue „HR“ im Erscheinungsbild noch deutlich näher am Vorbild.

Einen ähnlichen Wandel erfuhr 1934 die Nachbildung der schweizerischen „Ae3/6“, die „HS“. Hier bestand der auffälligste Unterschied darin, dass die neue „HS“ in der Spurgröße 0 vorbildgerecht eine Imitation des „Buchli“-Antriebs bekam, wodurch ihr Aussehen rechts und links asymmetrisch wurde. Auch die Dachstromabnehmer wurden etwas verfeinert und waren jetzt federnd. Bei allen Neuerscheinungen der oberen Preisklasse in den 1930er-Jahren ist die Entwicklung vom Spielzeug zum Modell deutlich erkennbar, sofern man die jeweiligen Vorbilder kennt.

Eine scharfe Trennung der genannten Epochen ist nicht möglich, diese greifen ineinander.

Überlappung der Spiel- und Modellbahnepochen

Anfang des 20. Jahrhunderts war es für die „Königlich Württembergischen Staats-Eisenbahnen" sehr lästig, dass etwa die Bahnstrecke von Stuttgart nach Ulm nicht fließend befahren werden konnte. Wegen des Aufstiegs an der Schwäbischen Alb musste regelmäßig am Fuß der Alb, in Geislingen, eine zusätzliche Schiebelok eingesetzt werden, die dann auf der Alb – bei Amstetten – wieder abgekoppelt wurde. Daher erhielt die Maschinenfabrik Esslingen den Auftrag, eine leistungsfähige Dampflokomotive zu entwickeln, die den Verkehr ohne Schiebelok möglich machen sollte. 1909 wurde die neu entwickelte „Württemberger C", auch unter dem Namen „Schöne Württembergerin" bekannt, in Dienst gestellt. Deren Achsfolge war 2'C1', ihr Schlepptender 4-achsig. Bis 1921 wurden 41 Lokomotiven dieses Typs gebaut.

Eine kurze Erklärung der Achsfolge am Beispiel 2'C1': 2' (lies: 2, Strich, C1, Strich) bezeichnet ein 2-achsiges Vorlauf-Drehgestell, C bezeichnet 3 Treibachsen, 1' bezeichnet ein 1-achsiges Nachlaufdrehgestell, „Strich" heißt beweglich gelagert. Bei den E-Loks wird die Bezeichnung der Achsfolge durch eine kleine „o" ergänzt, die darauf hinweist, dass die jeweilige Achse einzeln angetrieben wird.

Märklin hat diese Entwicklung offenbar hautnah mitbekommen. Jedenfalls wurde im Jahr der Indienststellung, im Katalog von 1909, bereits ein Modell dieser prächtigen Lokomotive angeboten, nicht mit „C" bezeichnet, sondern mit „H". Auch fehlt merkwürdigerweise jeder Hinweis auf das Vorbild. Im Katalog wird die Lok nur beschrieben als „H-Typ Staats-Bahn Express-Lokomotive, Wuchtiges, imponierendes Modell". Die Bezeichnung „Modell" hat die Lok jedenfalls verdient und passt insofern nicht so recht zur Epoche „Uralt". Sie gehört wenigstens in die Epoche „Vormodell" eingereiht.

Allerdings war dieser Neuerscheinung wohl kein wirtschaftlicher Erfolg beschieden. Entsprechende Exemplare sind heute jedenfalls sehr selten. Ein Grund für den geringen Erfolg dürfte gewesen sein, dass die bis dahin verfügbaren Gleisdurchmesser für diesen C-Kuppler (drei Kuppelachsen) zu klein waren. Für die Spur 1 betrug dieser 95 cm, für die Neuerscheinung wurde ein Kreisdurchmesser von 180 cm angeboten. Jeder Kunde, der die Lok auch fahren lassen wollte, musste sich also auch gleich die neuen Gleise beschaffen. Ein weiterer Grund dafür, dass die Absatzzahlen gering waren, könnte sein, dass das Modell wegen der Feinheiten der Nachbildung verhältnismäßig teuer war.

Es war eher für den erwachsenen Liebhaber geeignet, als für spielende Kinderhände. Für Erwachsene war es in jener Zeit aber nicht ziemlich, sich mit einer Spielzeug-Eisenbahn zu befassen, jedenfalls in Deutschland nicht. Es ist überliefert, dass der französische Generalvertreter von Märklin diesen Sachverhalt irgendwie angesprochen hat. Er gab die Empfehlung, anstelle eines deutschen Vorbilds ein französisches zu wählen. In Frankreich sei es für Erwachsene nicht unwürdig, sich mit einer Modelleisenbahn zu befassen. Märklin griff diesen Vorschlag auf und stellte 1912 das Modell einer französischen 2'C1'-Dampflok vor, die berühmte „PLM" (Paris Lyon Mediterranée). Dieses Modell war sehr erfolgreich und blieb bis zum Jahr 1929 im

Links: „Die schöne Württembergerin" von 1909

Rechts: „PLM" von 1912

Märklin Echtdampflok „The Great Bear" in Spur 1

Katalog. Typischerweise fehlt jedoch bis auf die Bezeichnung „PLM" jeder Hinweis auf Frankreich. Zeitgleich verschwand die „Schöne Württembergerin" aus den Katalogen.

Vor Jahren besuchte uns ein Kunde, um einen von uns gefertigten Nachbau einer „PLM" in Spur 0 in Empfang zu nehmen (s. Kapitel „Replika"). Zu Hause hatte er eine große Eisenbahnanlage, die er von seinem Vater geerbt hatte. Die Anlage war da, soweit er zurückdenken konnte. Als Kind, in den 1930er-Jahren, durfte er zusammen mit dem Vater mit der Eisenbahn spielen. Er erinnerte sich noch gut daran, dass sich sein Vater nach einem anstrengenden Arbeitstag sehr regelmäßig mit der Bahn beschäftigte. Ihm selbst hatte der Vater aufs strengste verboten, irgendjemandem zu sagen, dass er mit der Eisenbahn spielte. Der Vater war Arzt und hatte Sorge, sein Ruf würde Schaden nehmen, wenn dies bekannt würde.

Auch der britische Markt war für Märklin interessant. Vieles spricht dafür, dass dieser Markt anspruchsvoller war bezüglich der Nähe zum Vorbild, als der deutsche Markt, der eher auf Spielzeug ausgerichtet war.

Um 1913 stellte Märklin auch für den britischen Markt eine Dampflok mit Schlepptender der Bahngesellschaft „GWR" (Great Western Railway) vor. Deren Achsfolge war ebenfalls 2'C1' (im englischsprachigen Raum sind Lokomotiven mit dieser Achsfolge auch als „Pacific" bekannt). Auch dieses Modell verdient es, in die „Vormodellzeit" eingereiht zu werden. In den 1920er-Jahren bekam dieses Modell einen Nachfolger der „LNER" (London North Eastern Railway). Diese Lokomotiven trugen zum Teil Beschriftungen wie „THE GREAT BEAR" , „FLYING SCOTSMAN" oder „KING GEORGE V". Kurioserweise sind von der britischen Lok der 1920er-Jahre Stücke bekannt, denen Märklin einen französischen „PLM"-Tender „verpasst" hat. Diese sind im dunkleren „PLM"-grün lackiert und tragen keine Beschriftung. Es sind auch gegenteilige Beispiele bekannt. Mehrfach hatten wir bereits Exemplare der französischen PLM mit britischem Tender (Typ „Flying Scotsman") vorliegen, all diese Lokomotiven waren in schwarzer Farbgebung und mit Uhrwerkantrieb. Dieser passt zum britischen Markt, dort waren elektrisch betriebene Lokomotiven (vor allem Starkstrom) nicht verbreitet. Alle uns bekannten Exemplare waren für die Spurgröße 0.

Spurweiten

Die noch heute übliche Anordnung der Spurweiten war zur Zeit ihrer Einführung nur sehr grob an den Maßstab gebunden. Märklin hat die Normierung der Spurweiten in den 1890er-Jahren eingeführt. Von den anderen Herstellern der Spielbahnen wurden sie übernommen. Die Rede ist von den Spuren 0, 1, 2 und von der sehr seltenen Spur 3.

Offenbar war man damals der Ansicht, dass kleinere Spurweiten als Spur 0 nicht in Frage kämen, was Mitte der 1930er-Jahre bei der Vorstellung der „Tischbahn" ein kleines Problem aufwarf. Man wählte dann die Bezeichnung „Spur 00", die man nach dem zweiten Weltkrieg in Spur H0 („halb Null") umbenannte. Man muss kein Mathematiker sein, um zu erkennen, dass sowohl doppelt Null, als auch die Hälfte von Null beide Male wieder Null ergibt. Inzwischen gibt es eine Reihe noch kleinerer Spurweiten als H0. Ziffern waren nicht mehr möglich, denen hätte man ein negatives Vorzeichen verpassen müssen. Also wählte man Buchstaben. Auf die Spur H0 folgte Spur TT, dann N und schließlich Z, als letzter Buchstabe im Alphabet. Kleiner geht nicht, aber das hat man schon einmal gedacht.

Ursprünglich wurde von Märklin die Spurweite als Abstand zwischen Schienenstrangmitte zu Schienenstrangmitte angegeben. Damit ergaben sich für die in der Uraltzeit angebotenen Schienen folgende Maße:

Spur 0: 35 mm **Spur 1:** 48 mm;
Spur 2: 54 mm **Spur 3:** 75 mm

Diese Maße waren jedoch falsch, denn die Spurweite ist definiert als Abstand Schieneninnenkante zu Schieneninnenkante. Dieser Fehler wurde von Märklin 1930 korrigiert. Die korrigierten Maße lauten:

Spur 0: 32 mm **Spur 1:** 45 mm
Spur 00 (H0): 16,5 mm

Die Spurweite 2 wurde nach dem ersten Weltkrieg nicht mehr angeboten, Spur 3 wurde im Katalog O19 (1919) zum letzten Mal erwähnt.

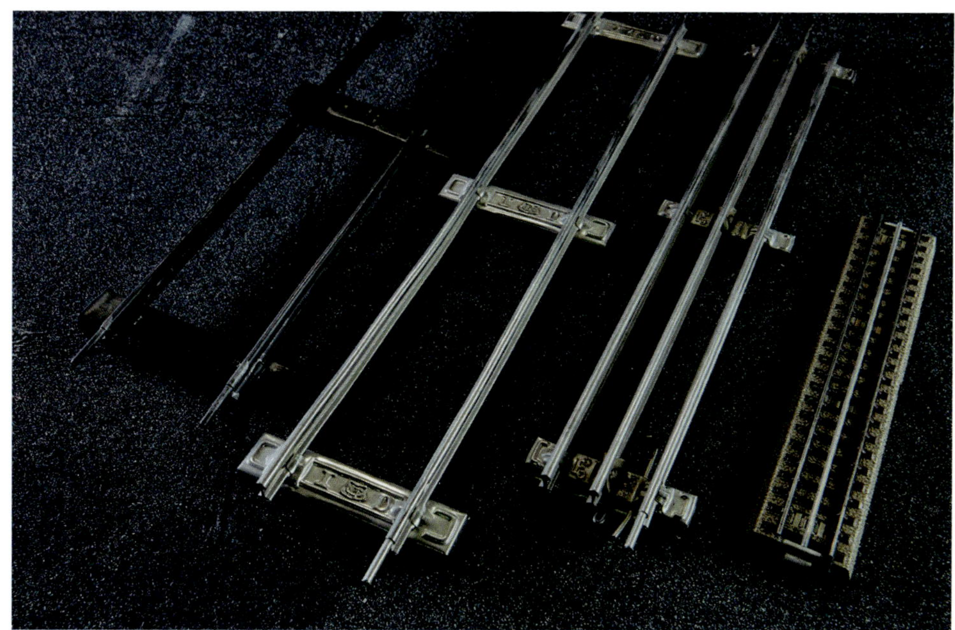

Oben: Märklin Gleise der Spuren 2, 1, 0 und 00 (H0). Gut zu erkennen, die frühe Kennzeichnung mit römischen Ziffern I und II.

Unten: Märklin Schüttgutwagen der Spuren 1, 0 und 00 (H0)

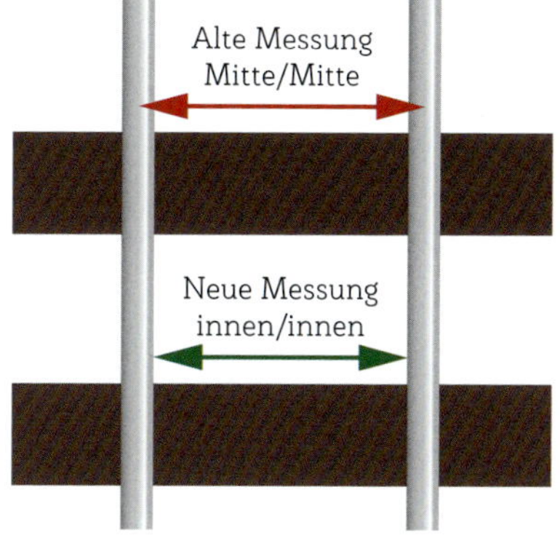

ABBILDUNGSMAẞSTAB

In der Uraltzeit hat man sich um den Maßstab wenig gekümmert. Es ging schließlich um Spielzeug und der Bezug zum großen Vorbild wurde nur sehr grob oder gar nicht beachtet. Das sehr stattliche Modell einer Dampflokomotive mit der Achsfolge 2'B und 4-achsigem Schlepptender mit der Katalogbezeichnung „FE" wurde für die Spurweiten 1 und 2 angeboten.

Im Katalog von 1909 wird die Lokomotivlänge der Spur-1-Version mit 37,5 cm und die der Spur-2-Version mit 38 mm angegeben, beide in Uhrwerk-Ausführung. Selbst konnten wir diesen kleinen Unterschied beim Nachmessen nicht bestätigen. Die Gehäuse sind baugleich, lediglich die Fahrwerke unterscheiden sich. Die im Bild gezeigte „FE" in Spur 2 trägt das Typenschild „FE 1021", also der Spur 1 zugehörig. Ein Gegenstück für die Spur 1, jedoch mit Typenschild „FE 1022" hatten wir auch schon in unserer Werkstatt.

Erst in der Vormodellzeit, vor allem aber in der Modellzeit näherten sich Maßstäbe für die Spur 0 an 1:45 und für die Spur 1 an 1:32 an.

Da sich die Hersteller vor allem in der Uraltzeit wenig bis gar nicht an die den jeweiligen Spurweiten zugeordneten Abbildungsmaßstäbe gehalten haben, wird in diesem Buch bei der Modellbeschreibung des Öfteren der Begriff „Spurgröße" verwendet. Wenn z.B. ein Modell der Spurgröße 1 zugeordnet wird, bedeutet dies, dass das Modell auf Gleisen der Spurweite 1 (45 mm) läuft. Es bedeutet nicht, dass das Modell in gemäß dem zur Spurweite 1 gehörigen Maßstab 1:45 gebaut ist. „Spurweite" und „Spurgröße" dürfen daher nicht verwechselt werden. Statt „Spurgröße" wird auch der Begriff „Nennspur" verwendet.

Märklin „FE" in Spur 2, ca. 1908

Vom Modell zum Spielzeug

Während der Blechbahnzeit hat es Märklin hervorragend verstanden, durch mehrere Stufen der Vereinfachung preisgünstigere Lokomotiven anzubieten und dadurch den Absatzmarkt zu erweitern.

Am Beispiel des Modells der „Württemberger C" sei dies kurz gezeigt. Das Modell der „C" hatte – entsprechend dem Vorbild – die Achsfolge 2'C1' die Katalogbezeichnung war „H". Als erste Stufe der Vereinfachung stellte Märklin eine Lok mit der Achsfolge 2'B1' unter der Bezeichnung „ECE" vor. Es fehlte eine Kuppelachse, weshalb die Maschine den bis dahin üblichen Gleisdurchmesser (95 cm für Spur 1) problemlos durchlief. Die Sandstreurohre wurden weggelassen und auch sonst hatte die „ECE" gegenüber der „H" einige Vereinfachungen. Das charakteristische spitze Führerhausdach, die spitze Rauchkammer und der große Sanddom wurden beibehalten. Als nächste Stufe wurde die „EE" angeboten. Ihr fehlte der Nachläufer, die Achsfolge war nur noch 2'B. Es gäbe noch weitere Beispiele.

Diese Abfolge ist ein Beispiel aus der „Uraltzeit". Bis in die „Modellzeit" lassen sich viele derartige Beispiele finden.

Oben: Märklin „ECE" in Spur 1 als vereinfachte Version der „Württemberger C"

Unten: Weitere Vereinfachung der „Württemberger C", Märklin „EE"

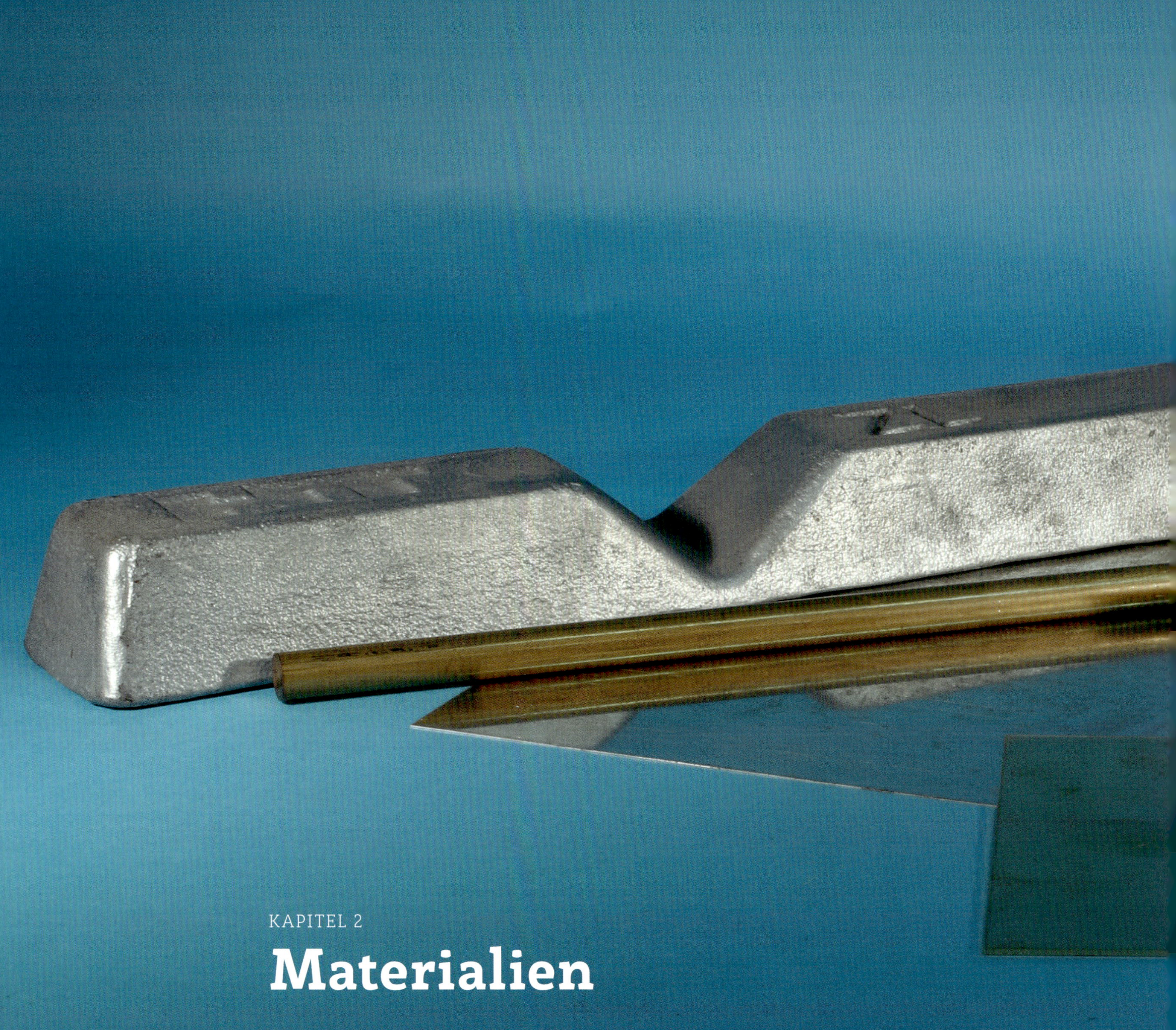

KAPITEL 2

Materialien

Aus diesen Materialien
entsteht eine Lok.

Modelle aus unserer Produktion warten auf Lackierung

Das Material, aus dem die Fahrzeuge und das Zubehör gefertigt wurden, hat sich über die vielen Jahrzehnte natürlich wesentlich geändert. Zur Verwendung kamen: Weißblech, unverzinntes Eisenblech, Messingblech, Messing (Guss- und Drehteile), Eisenguss, Aluminium, Bleiguss, Zinkdruckguss und schließlich Kunststoff (Plastik). Nicht zu vergessen, natürlich Farben für die Lackierung der Stücke.

Weissblech

Weißblech ist zinnbeschichtetes Eisenblech, auf Englisch „tin plate". Im 19. Jahrhundert kam es zunächst vornehmlich für Konservendosen zur Anwendung. Die Beschichtung mit Zinn (damals noch im Tauchverfahren, seit den 1930er-Jahren galvanisch) bewirkte in erster Linie Rostschutz. Gegen Ende des 19. Jahrhunderts entdeckte die Spielzeugindustrie das Weißblech für ihre Zwecke. Neben dem Rostschutz, der für die Beständigkeit des Spielzeugs sorgte, hat Weißblech eine weitere fabelhafte Eigenschaft: Die Blechteile lassen sich hervorragend verlöten. Hier kommt Zinn zu Zinn, das gibt eine ausgezeichnete Verbindung.

Die Fahrzeuge der großen Spurweiten, das damalige Schienensystem und das Zubehör waren weitgehend aus Weißblech gefertigt. Auch die Gehäuse früher Lokomotiven der Spurweite 00 (H0), nebst Wagen und Gebäudezubehör waren aus diesem Material. Für unsere Replika-Modelle verwenden wir ebenfalls Weißblech in neun verschiedenen Blechstärken zwischen 0,2 mm und 1 mm.

Eisenblech

In den frühen Jahren nach dem zweiten Weltkrieg herrschte ganz allgemein Knappheit an Material. So sind beispielsweise einige Wagenmodelle der Spur 00 (H0), z.B. die Schürzenwagen und die Schweizer Leichtschnellzugwagen aus unverzinntem Eisenblech gefertigt. Diese Wagen sind nicht lackiert, sondern chromlithografiert. Dabei wurden die Bleche in flachem Zustand bedruckt und erst anschließend geformt. Sie tragen nur eine sehr dünne, wenig schützende Farbschicht. Dies hat zur Folge, dass schon das Lagern bei hoher relativer Luftfeuchtigkeit Korrosion bewirkt. Die feinen Korrosionsspuren haben häufig das Aussehen von Spinnweben, sind aber auf Mikrorisse der dünnen Farbschicht und auf Korrosion des darunter liegenden ungeschützten Eisenblechs zurückzuführen. Daher haben wir uns Gedanken gemacht, wie man solche Wagen noch verwenden könnte, denn Wegwerfen kommt nicht in Frage. (Weitere Ausführungen dazu im Kapitel „WWW-Modelle".)

Märklin 00 (H0) Wagen der Serie 346 mit deutlichen Rostunterwanderungen

Wagenräder für die großen Spuren wurden bereits sehr früh aus Eisenblech gefertigt. Dieses war allerdings brüniert und damit einigermaßen vor Rost geschützt. Die wenigen nach dem Krieg gefertigten Exemplare der Fahrzeuge in der Spurgröße 0 sind aus unverzinntem Eisenblech gefertigt und neigen daher zu Korrosion.

Neben dieser Verwendung fand Eisenblech vor allem zur Fertigung der Antriebsplatinen für die großen Spurweiten Anwendung. Diese sind lackiert und leiden daher nicht unter den eben beschriebenen Problemen.

Messing

Messingblech wurde in der Frühzeit der Spielzeugeisenbahn unter anderem zur Fertigung der Platinen für Lokomotiven mit Federwerk verwendet. Selbst Fahrwerke der einfachsten 2-achsigen Lokomotiven, die nur vorwärts fahren konnten und keine Bremse hatten, waren aus gediegenem Messingblech. Auch die Steuerungsteile der Dampflokomotiven und die Kuppelstangen an den Rädern wurden aus Messingblech gestanzt und anschließend galvanisch vernickelt.

Auch die Zahnräder aller Spurgrößen sind aus Messing gefertigt, in den Anfangsjahren unbeschichtet, später vernickelt.

Räder der Spur 00 (H0) aus Zinkdruckguss

Stark oxidierter Tenderaufbau der Spur 00 (H0) aus Aluminium-Legierung

Eisen

Auch Eisenguss findet in unserer Szene Anwendung, es geht schließlich um die „Eisen"-Bahn. Viele Räder für Lokomotiven und Wagen sind aus Eisenguss, wurden später aber durch Zinkdruckgussräder ersetzt. Einige Lokräder (z.B. 40-mm-Räder für Spur 0) waren bis zum Beginn des zweiten Weltkriegs aus Eisenguss. Vermutlich nur versuchsweise hat Märklin auch Motorträger der großen Spurweiten aus Eisenguss gefertigt, z.B. die frühen Versionen der „EE" und ECE" in der Spurgröße 1. Sie sind echte Exoten und nur selten zu finden. Spätere Versionen dieser Lokomotiven waren mit den gewohnten Eisenplatinen zur Aufnahme der Motorteile ausgestattet. Es gibt noch weitere Beispiele für Materialänderungen innerhalb einer Produktionslinie. So hatten beispielsweise die frühen Versionen der 4-achsigen Personen- und Packwagen der Serie 1931 bis 1934 in der Spurgröße 1 zunächst (erschienen sind diese Wagen 1912) Drehgestellwangen aus Eisenguss. Später, nach dem ersten Weltkrieg, wurden diese ersetzt durch solche aus Eisenblech. Die Federpakete, Schmiertöpfe und Federschaken waren bei dieser Version aus Blei-Zinn-Guss aufmontiert.

Aluminium-Magnesiumlegierung

In den späten 1930er-Jahren wurde manches Material für die Spielzeughersteller knapp, weil bevorzugt das Militär bedient wurde. Davon betroffen war auch Messing. Deshalb hat Märklin etwa für Steuerungsteile und Kuppelstangen in jener Zeit anstelle vernickelten Messings Aluminium verwendet. Aluminium neigt zum Oxidieren, zum „Rosten", nur dass Aluminiumrost nicht braun ist, wie bei Eisen, sondern weiß. Ähnliches gilt für Magnesium. Z.B. bestehen eine Reihe von Güterwagen der Produktionszeit frühe 1950er-Jahre aus einer Aluminium-Magnesium-Legierung. Vor allem bei feuchter Lagerung neigen solche Wagen zum „Rosten". Dies äußert sich durch weißliche Ausschwitzungen. Im Extremfall kann dies zur völligen Zerstörung führen (s. Bild). Mit der im Anschluss beschriebenen „Zinkpest" hat dieses „Rosten" jedoch nichts zu tun.

Blei

Bleiguss (bzw. eine Legierung aus Blei und Zinn) fand Anwendung für die Nachbildung von Zylindern der Dampfloks und für deren Kamine. Auch Zurüstteile, wie etwa Pfeifen, Dachlüfter oder Zierteile, z.B. auf Dächern von Zubehör, waren aus diesem Material. Zur Zeit der Materialknappheit nach dem ersten Weltkrieg waren auch einige Antriebsräder von Lokomotiven aus Bleiguss. Da deren Lauffläche sehr weich und daher für den Fahrbetrieb ungeeignet war, wurden solche Räder mit einem Blechmantel versehen.

Aufbau eines „DL 800“, stark von „Risspest“ befallen

Zink

Problematisch ist das Material Zink. Viele Räder aller Spurgrößen wurden im Druckgussverfahren aus Zinklegierungen gefertigt. In der Spurgröße 00 (H0) sind auch die Fahrgestelle, die Motorgehäuse und viele Lokgehäuse aus diesem Material. Dabei kommt nie reines Zink zur Anwendung. Es werden eine Reihe Zusatzkomponenten der Legierung beigefügt. Dies dient unter anderem zur Verbesserung der Fließeigenschaften in den Stahlformen und bewirkt eine saubere Oberfläche des Gießlings. In den Jahren vor dem zweiten Weltkrieg und in den frühen Nachkriegsjahren herrschte offenbar auch hier Mangel an Material. Jedenfalls wurden in dieser Zeit der Zinkschmelze Materialien beigefügt, die man besser nicht hätte verwenden sollen. Solche Gussteile fielen in der Folgezeit der sogenannten „Zinkpest“ zum Opfer. Mit der „Zinnpest“ hat dies nichts zu tun und schon gar nichts mit der „Pest“ und ist daher auch in keiner Weise übertragbar.

Im Wesentlichen sind zwei Arten der Zinkpest bekannt: die „Risspest“ und die „Platzpest“. Die „Risspest“ kommt häufiger vor. In beiden Fällen sind innere Spannungen im Materialgefüge Anlass

Tenderaufbau einer „SK 800“, ebenfalls mit starker „Risspest“

für die Erscheinung. Bei der „Risspest“ bilden sich dadurch Risse im Material, die die Gesamtheit des Materials erfassen, also keine Oberflächenerscheinung sind. Das jeweils betroffene Stück wächst dabei nach allen drei Raumrichtungen. Schließlich führt dies zu einem Zerfall des Materials in viele Einzelstücke.

Vor Jahren bekamen wir einen Triebwagen TW 800 aus früher Nachkriegsfertigung zu Gesicht. Der Triebwagen war in noch nie geöffneter Originalverpackung, die üblichen braunen Klebebänder waren unversehrt. Bei vorsichtigem Drehen und Wenden des Kartons gab es merkwürdige klappernde Geräusche. Im Beisein des Kunden öffneten wir den

„HR 700“ mit „Platzpest“

Karton. In sorgfältiger Verpackung kamen eine Fülle von Bruchstücken des TW zum Vorschein, blau/creme und hellgrau lackiert. Nicht immer führt die „Risspest“ zu einer so vollständigen Zerstörung. Offenbar ist der Anteil der schlechten Legierungskomponenten wesentlich. Gerade beim TW 800 hatten wir schon des Öfteren Fälle, bei denen nur ein Gehäuseteil, oder nur ein Unterteil von der „Risspest“ befallen waren. Weil damit aber ein Wachsen des betroffenen Teils verbunden ist und Ober- und Unterteil durch 4 Schrauben miteinander verbunden sind, wird auch der nicht von der Pest betroffene Teil kräftig deformiert und dadurch womöglich ebenfalls unbrauchbar. Wir geben daher die Empfehlung, beim TW beidseitig jeweils zwei gegenüberliegende Schrauben zu entfernen. Das „gesunde“ Teil ist dann vom Wachstum des anderen nicht mehr betroffen. Es kommt auch immer wieder vor, dass z.B. bei den E-Loks RS und HS nur das Fahrgestell wächst, dadurch aber die Stirnseiten der Lokgehäuse ebenfalls zerstört werden.

Die „Platzpest“ äußert sich anders. Dabei platzen aus der Oberfläche mehr oder weniger große Stücke heraus und hinterlassen eine kraterförmige Struktur von wenigen mm^2 bis etwa 1 cm^2 Flächengröße. Im Gegensatz zur „Risspest“, die sich sehr langsam, oft über Jahre weg entwickelt, handelt es sich bei der „Platzpest“ um eine spontane Erscheinung.

Vor etlichen Jahren berichtete uns ein Kunde, dass er eines Abends aus Richtung seiner Sammlervitrine ein Geräusch gehört hatte, das ihn an den Schuss aus einer Luftpistole erinnerte. Bei genauem Nachschauen bemerkte er dann, dass am Gehäuse seiner SLR 800 aus Vorkriegsproduktion ein Stück der Gehäuse-Oberfläche fehlte. Dieses Stück fand er schließlich in einer Ecke seiner Vitrine. Sein Anliegen war, das ausgebrochene Stück wieder einzukleben. Das kann man zwar machen, es schützt aber nicht vor weiterer Zerstörung. Der Ausbruch erfolgt übrigens auch auf Grund innerer Spannungen im Material, infolgedessen das Bruchstück nicht mehr exakt zur Ausbruchstelle passt. Es war aus seiner „Zwangsjacke“ befreit und hatte daher nicht mehr die ursprüngliche Form. Besonders betroffen von der „Platzpest“ sind aus uns nicht bekannten Gründen übrigens die Modelle „SLR“ und „HS“ aus der Vorkriegszeit. Uns selbst ist es schon passiert, dass bei einem HS-Gehäuse bloßes In-die-Hand-nehmen ein solches Abplatzen auslöste. Aus

Sicherheitsgründen tragen wir bei verdächtigen Stücken grundsätzlich eine Schutzbrille, da könnte ansonsten etwas ins Auge gehen.

Die Ursachen beider Formen der „Pest" sind mit Sicherheit unverträgliche Beigaben in der Legierung. Aus eigener Versuchserfahrung wissen wir, dass etwa Zinn im Zink, auch in sehr kleinen Mengen, Ursache sein kann. Da solches nicht rückgängig gemacht werden kann, gibt es auch kein Heilmittel. Äußere Einflüsse, wie etwa die Temperatur, vor allem aber Temperaturschwankungen, können den zerstörerischen Prozess beschleunigen, die spontane „Platzpest" sogar auslösen. Eine Methode, die Erscheinung bei betroffenen Stücken zu verhindern, gibt es jedoch nicht. Auch die Meinung, ein bisher nicht befallenes Exemplar sei sicher, ist leider nicht richtig. Wir hatten in den 1980er-Jahren das Exemplar einer „CCS 800" aus früher Nachkriegsfertigung bei uns, das damals rein äußerlich noch intakt war. Rund 10 Jahre später war es jedoch deutlich von der „Risspest" befallen. Bei einem frischen Bruch sind unter dem Mikroskop deutlich Inhomogenitäten der Metallstruktur erkennbar. Vor einiger Zeit brachte uns ein Kunde ein weiteres Gehäuseteil einer „CCS". Bedauerlicherweise war ihm das Teil bei einer Montage-Arbeit zu Boden gefallen und dabei zerbrochen. Zuvor hatte es keine äußerlichen Schäden. Die frischen Bruchstücke zeigten nun jedoch die bedenklichen Strukturen unter dem Mikroskop.

Die genauen Vorgänge im Innern der betroffenen Stücke sind nach unserem Wissen nicht vollständig bekannt. Vermutet wird – unter anderem – eine partielle Korrosion (partiell: nur bestimmte Komponenten der Legierung sind betroffen), etwa durch Luftfeuchtigkeit. Bei der „Platzpest" könnten solche Effekte (mit) Ursache sein. Von der „Risspest" wird das Material in seinem gesamten Volumen erfasst. Oberflächen-Phänomene – wie etwa Korrosion – sind daher unwahrscheinlich. Es deutet einiges darauf hin, dass hier eine sehr langsam ablaufende Entmischung in der Metallstruktur abläuft und damit verbunden eine partielle Mikrokristallisation. Diese könnte auch die Vergrößerung des Volumens erklären. Wie auch immer: es bleibt wohl nichts anderes übrig, als den befallenen Stücken nachzuweinen.

Fahrgestell einer „CCS 800" mit Pestbefall, daneben ein Nachgussersatzteil

In diesem Zusammenhang sind noch einige Merkwürdigkeiten der Erwähnung wert. 1947 produzierte Märklin zunächst hauptsächlich für den US-Markt Triebwagen, die US-Vorbildern nachempfunden waren. Es ist die Rede vom 3-teiligen „ST 800" (Schnelltriebwagen) und dem „DL 800" (Doppel-Lok). Gehäuse, Verbindungsteile, Drehgestelle und Räder dieser Triebwagen sind in hohem Maß gefährdet von der sog. „ Zinkpest". Äußerst selten aber ist uns ein verpestetes Fahrgestell dieser Triebwagen begegnet. Sicher ist, dass diese Fahrgestelle aus einer anderen Legierung hergestellt sind, als die erwähnten anderen Bauteile. Wahrscheinlich ist, dass sie aus anderer Produktion stammen. Märklin hat zu dieser Zeit Aufträge zur Herstellung von Zinkdruckgussteilen auch an fremde Firmen vergeben, beispielsweise an die Firma Mahle in Stuttgart. Uns bekannte Gussteile von dieser Firma haben übrigens nie die „Pest".

Im Lauf der Jahre bekamen wir etliche Dutzend Exemplare des Triebwagens „DL 800" der frühen Nachkriegsproduktion zu Gesicht, bei denen jeweils nur eines der beiden (gleichartigen) Gehäuseteile von der „Pest" befallen war, das andere jedoch völlig intakt. Für diesen Sachverhalt haben wir bis heute keine Erklärung.

Kunststoff

Ab etwa 1952 kamen bei der Produktion von Lokomotiv-Aufbauten, den Aufbauten von Güterwagen und bei einigen Zubehörteilen auch Kunststoffe zum Einsatz. Die ersten Lokomotiven mit „Plastik"-Aufbau waren die kleine Dampflok „CM 800" (später „3000") und die E-Lok „CE 800" und „CEB 800" (später „3001" und „3002"). Eine ganze Reihe von 2-achsigen Güterwagen und auch Brückenpfeiler, die man aufeinandersetzen konnte, wurden aus diesem „neuen" Material angeboten. Auch die Tenderaufbauten der Dampflokomotiven waren jetzt aus Kunststoff. In den Katalogen wurde das Plastikmaterial sehr gepriesen. Bei der Kundschaft kam es aber nicht durchweg gut an. Im Jahr 1956 bot Märklin z.B. als Neuerscheinung ein Modell der Dampflok „BR 23" (Kat.-Nr. 3005) an. Lok- und Tenderaufbau waren ebenfalls aus Kunststoff. Etliche Kunden haben offenbar daran Anstoß genommen. Ein Jahr später wurde – jedenfalls der Lokaufbau – aus Zinkdruckguss (gute Legierung, keine Zinkpest) geliefert. In dieser Version wurde die Lokomotive über viele Jahre gefertigt und angeboten. Die Kunststoff-Version ist seltener und wird daher in Sammlerkreisen höher bewertet.

Ganz allgemein bevorzugte ein Großteil der Kundschaft Gehäuse aus Metall. Dies ist wohl der Grund, warum Märklin in der Folgezeit zunehmend zu Zinkdruckguss zurückkehrte. Das anfängliche Argument, aus Kunststoff ließen sich feinere Strukturen nachbilden, hat Märklin dabei selbst widerlegt.

Neben solchen grundsätzlichen Fragen haben einige frühe Kunststoff-Teile auch andere Probleme. Manche Aufbauten von Güterwagen und auch die erwähnten Brückenpfeiler zeigen nämlich mit der Zeit kräftige Deformationen. Bei den Brückenpfeilern sind diese oft so stark, dass sie nicht mehr aufeinander gesteckt werden können und daher unbrauchbar sind. Frühere Fertigungen dieser Pfeiler sind aus Zinkdruckguss, neigen aber sehr zur „Pest". Ab etwa Mitte der 1950er-Jahre hergestellte solche Pfeiler sind aus Kunststoff anderer Zusammensetzung und daher langzeitstabil.

Wagen 3313/1 bzw. 4606 mit verzogenem Kunststoffaufbau

Lackierung

Grundsätzlich bestehen Lacke aus Bindemittel und Lösungsmittel. Bei farbigen Lacken kommen noch Farbpigmente hinzu. Es können noch Zusatzstoffe (Additive) beigemengt werden, etwa zur Verzögerung der Trocknungszeit oder zur Steuerung des Glanzgrades. Die Komponenten der Lacke haben sich in der über hundertjährigen Geschichte der Spielzeuge, um die es in diesem Buch geht, mehrfach gewandelt.

In der Uraltzeit bis etwa 1914 waren die verwendeten Bindemittel und auch Lösungsmittel bunter Farben meist pflanzliche Öle, die allerdings den Nachteil haben, nur langsam zu trocknen. Die Gefahr, dass sich während des Trocknungsprozesses Staub- und Schmutzteile absetzen, ist dementsprechend groß. Es handelt sich dabei oft nicht nur um einen Trocknungsprozess durch Verdunsten dieser Öle, sondern um eine chemische Reaktion mit dem Sauerstoff in der Luft. Daneben wurden – vor allem für die farblosen Decklacke – auch Naturharze (Baumharze) verwendet, deren Lösungsmittel einwertige Alkohole waren, wie etwa Methanol und Ethanol.

Nach dem ersten Weltkrieg kamen zunehmend Kunstharze als Bindemittel zur Verwendung. Die chemische Beschaffenheit dieser Harze hat bis etwa 1930 einen raschen Wandel erfahren. Anfänglich waren es Phenolharze, die dann durch Acrylharze, Epoxidharze und Polyurethane ersetzt wurden. Ab etwa 1930 verwendete Märklin Nitrozellulose als Bindemittel, auch unter der Kurzform „Nitrolack" bekannt. Der große Vorteil dieser Nitrolacke war die kurze Trocknungszeit. Bis in die 1980er-Jahre wurden im Wesentlichen diese Lacke verwendet. In den 1990er-Jahren stellte Märklin um auf wasserbasierte Lacke. Doch liegt dies außerhalb unseres Tätigkeitsbereichs.

Damit Farbe ins Spiel kommt, braucht es Pigmente. Neben der Farbe haben diese vor allem auch die Eigenschaft, im jeweiligen Bindemittel-Lösungsmittel-Gemisch unlöslich zu sein. Die Pigmente sind fein verteilt suspendiert. Auch die Art der Pigmente hat sich über die Jahrzehnte hinweg geändert. In den Anfängen wurden viele Metallverbindungen verwendet – auch solche von Schwermetallen, z.B. Oxide, Hydroxide, Carbonate und andere chemische Verbindungen. Neben diesen anorganischen Pigmenten gibt es auch organische und synthetische Pigmente.

Elmar Ritter beim Lackieren

Eine Reihe der vor allem in früherer Zeit verwendeten Pigmente sind giftig und wurden durch weniger bedenkliche ersetzt. Alle Pigmente, die in unserem Bereich zur Anwendung kommen, sind unlöslich in Wasser. Dadurch ist ihre Giftigkeit sehr stark eingeschränkt. Im Übrigen sind Spielzeugeisenbahnen und deren Zubehör auch nicht zum Verzehr gedacht. Ein Problem sind allerdings die beim Lackieren entstehenden Feinstäube. Diese sollten tunlichst nicht eingeatmet werden. Unsere Lackierkabine ist daher mit Filtern ausgestattet.

Es soll noch kurz die Wirkung der Farbpigmente erklärt werden. Das weiße Licht (z.B. Sonnenlicht)

Oben: Spritzfarbgläser in allen Farben des Regenbogens

Rechts: Die Motorhaube einer „ST 800“ wartet auf Lackierung

ist ein Gemisch aller Farben des Regenbogens: rot – orange – gelb – grün – blau – violett. Fällt solches Licht auf die Pigmentpartikel, so zeigen sich diese wählerisch. Ein Teil des einfallenden Lichtes „schmeckt“ ihnen, es wird verschluckt (absorbiert). Den Rest mögen sie nicht, er wird zurückgeworfen (reflektiert) oder gestreut. Die Summe dieses Restes macht die „sichtbare“ Farbe des jeweiligen Pigments aus. Eine Sonderstellung nehmen Weißpigmente und Schwarzpigmente ein. Ein ideales Weißpigment mag gar nichts vom angebotenen Licht und gibt alles zurück. Das ideale Schwarzpigment „frisst“ hingegen alles Licht und gibt gar nichts zurück. Solche Idealpigmente gibt es allerdings nicht. Das reale Weiß oder Schwarz verhält sich nur näherungsweise so.

Nun ist es allerdings so, dass im weißen Licht – etwa dem der Sonne – auch jenseits der Farbgrenzen des Regenbogens noch für uns unsichtbare „Farben“ vorhanden sind. Jenseits der roten Grenze ist das Infrarot und jenseits der violetten Grenze das Ultraviolett (UV). Letzteres vor allem interessiert uns. Einige der Pigmente und auch manche der Bindemittel haben nämlich die Eigenschaft, solches UV-Licht zu absorbieren, intern teilweise umzuwandeln und als sichtbares Licht wieder abzugeben. Dieses Verhalten nennt man Lumineszenz.

Diese hat natürlich Einfluss auf den Farbeindruck des betrachteten Gegenstandes. Im Tageslicht (UV-reich) ist der Effekt stärker als etwa im Licht einer Glühlampe (UV-arm). Das hat zur Folge, dass z.B. die Farbe eines Wagens im Sonnenlicht anders aussieht als im Licht einer Glühlampe. Vor allem beim Mischen von Farben für Ausbesserungen ist das ein echtes Problem.

Vorsicht bei Kesselwagen

Öfters bekommen wir 2- und 4-achsige Kesselwagen zur Neulackierung, die Märklin in den großen Spurweiten in bunter Vielfalt der Lackierung und Beschriftung hergestellt hat. Diese zeigen oft äußerlich leichte Rostschäden.

Sehr zum Vergnügen der mit solchen Wagen beschenkten Knaben konnte man diese auch befüllen. Dazu waren an der Oberseite der Wagen Öffnungen mit abschraubbarem Deckel angebracht. Unten seitlich befand sich ein Ablasshahn, über den man die Befüllung wieder ausfließen lassen konnte.

Von dieser Möglichkeit wurde natürlich häufig Gebrauch gemacht. In der Regel nahm man Wasser zum Füllen der Wagen. Auch wenn dieses dann durch den Hahn wieder abgelassen wurde, so blieben doch Reste davon im Wagen.

Dort trieben diese Wasserreste im Lauf der Jahre ein zerstörerisches Werk, die Wagen rosteten von innen her. Irgendwann zeigen sich dann an der Lackfläche meist nur geringe Spuren von Rost. Diese sehen zunächst recht harmlos aus, als könne man sie mit geringem Aufwand wegpolieren. Doch Vorsicht! Der Rost kommt von innen und oft verdeckt nur noch die Lackhaut ein kräftiges Rostloch.

Scheinbar leichte Rostschäden eines 4-achsigen Kesselwagens

Die tatsächlichen Rostschäden zeigen sich nach der Entlackung

Als Bodenläufer zunächst noch ohne Antrieb

KAPITEL 3

Antriebsarten der Lokomotiven

Spur-2-Uhrwerk-„FE“

Bereits in der Anfangszeit der Spielbahnproduktion in den 1890er-Jahren bot Märklin drei Arten des Antriebs an: Federwerk (auch „Uhrwerk“ genannt), Dampfantrieb mit Spiritusheizung und elektrischen Antrieb.

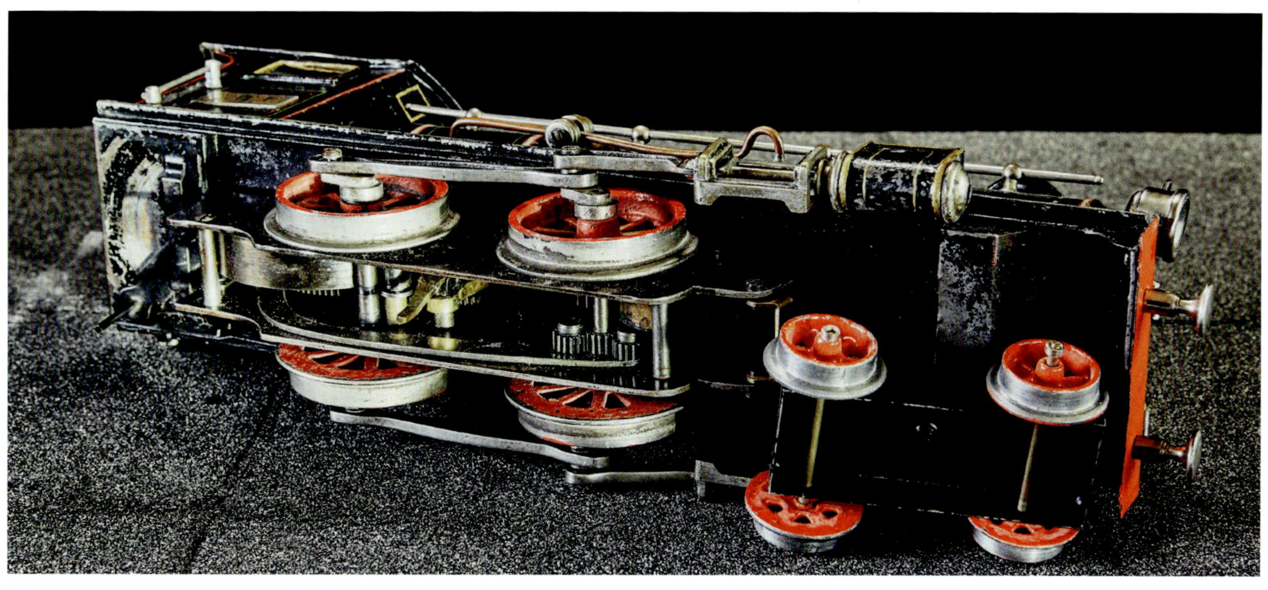

Blick auf das doppelte Federwerk der „FE“

Federwerk

Vor allem Federwerke aus der Frühzeit bestechen durch hervorragende Präzision und durch die Gediegenheit der verwendeten Bauteile. Es sind kleine mechanische Meisterwerke. Die Platinen wurden zunächst aus Messing, später aus Stahl hergestellt. Die Zahnräder wurden aus Stahl gefertigt oder aus Messing, später vernickeltem Messing. Der hohen Fertigungsqualität wegen sind Defekte im Federtrieb eher selten, doch kommen gebrochene Federn immer wieder einmal vor. Auch wenn das äußere Erscheinungsbild einer Lok auf eine bewegte Vergangenheit schließen lässt, genügt in der Regel Reinigen und Ölen und die Lok läuft wie einst. Probleme können Federwerke machen, die irgendwann mit Salatöl oder ähnlichen biogenen Stoffen geschmiert wurden. Solche Stücke sind nach Jahren dann oft sehr hartnäckig verklebt und verharzt und widersetzen sich der Reinigung manchmal selbst im Ultraschallbad. Salatöl ist nun mal zum Verzehr gedacht, man sollte niemals Mechanik damit schmieren. Bei höherwertigen Lokomotiven waren die Federwerke geregelt, dadurch war die Fahrt etwas gedrosselt. Solche Loks flogen nicht gleich in der ersten Kurve aus den Schienen.

Gebrochene Federn lassen sich ohne größere Probleme ersetzen. Anders sieht das aus, wenn Zahnräder oder Wellen erneuert werden müssen. Die Platinen der Federwerke sind vernietet und nicht verschraubt, eine zerstörungsfreie Zerlegung ist daher nicht möglich. An eine Zerlegung war offenbar auch nie gedacht, es könnte auch höchst unangenehme Folgen haben, wenn einem bei einer solchen die Feder ins Gesicht springt.

Der Vorteil der Federwerke liegt darin, dass sie völlig unabhängig sind. Es braucht weder Spiritus und Anheizzeit, noch eine elektrische Spannungsquelle – ein Schlüssel zum Aufziehen der Feder genügt. Der Nachteil ist vor allem die begrenzte Betriebszeit und dass die Fahrt nicht von außen reguliert werden kann.

Besonders imposant ist das Federwerk der „FE“, Modell einer Dampflok mit der Achsfolge 2'B und 4-achsigem Schlepptender. Märklin brachte dieses Modell um 1905 in den Spurgrößen 1 und 2 auf den Markt. Das Federwerk hat zwei Federn, die getrennt aufgezogen werden und die beide auf die hintere Treibachse wirken. Zum Aufziehen der Federn wurde ein Kurbelschlüssel mit Holzgriff geliefert. Einige wenige Exemplare dieser Lok hatten wir schon in der Werkstatt, aber keines mit defektem Federwerk.

Lokomotiven mit Federwerk wurden übrigens bis in die 1950er-Jahre von Märklin angeboten.

Besonderer Kurbelschlüssel mit Holzgriff für die „FE“

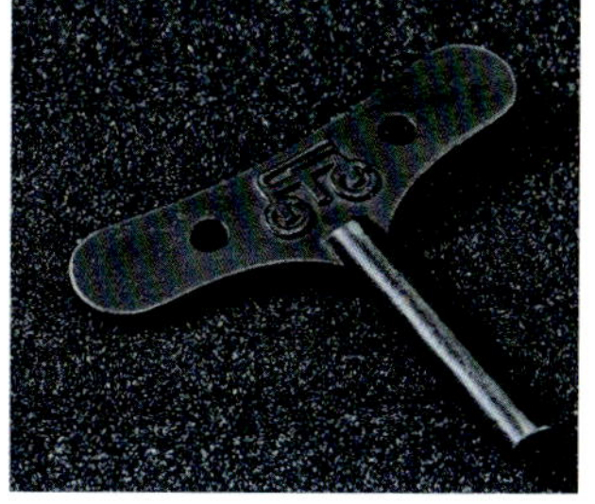

Typischer Uhrwerkschlüssel

Märklin Spiritus-„T 4000" mit Brandschäden

Dampfantrieb

In der Frühzeit der großen Eisenbahn waren nur Dampflokomotiven in Betrieb. Die Elektrifizierung begann erst im 20. Jahrhundert und kam wegen des großen Infrastrukturaufwandes nur zögernd voran. Selbst in den 1950er-Jahren beschaffte sich die Deutsche Bundesbahn noch Neubau-Dampfloks. Lange Zeit wurde daher die Eisenbahn in der öffentlichen (und in der kindlichen) Wahrnehmung mit Dampflokomotiven identifiziert.

Der große Reiz, Modell-Lokomotiven mit Dampfbetrieb herzustellen, lag darin, dass die Art des Antriebs gleich war mit der des großen Vorbildes. Allerdings wurde zum Heizen natürlich keine Kohle verwendet, stattdessen Brennspiritus, also Alkohol. Die Kessel wurden – wie beim großen Vorbild – mit Wasser gefüllt. Der Brenner war unter dem Kessel im Lokrahmen montiert. Bei kostengünstigen Modellen wurde der Kessel direkt von der Flamme erfasst. Zwischen Rahmen und Kessel war dafür beidseitig ein Spalt vorgesehen und die Kessel waren meist (nicht immer) nicht lackiert, sondern hitzeresistent „patiniert", eine Art Brünierung. Die übrigen Teile des Lokaufbaus waren lackiert. Freilich nahm die Lackierung oft schon nach dem erstmaligen Betrieb kräftig Schaden durch die Hitze. Ein weiterer Nachteil solch einfacher Modelle mit Dampfantrieb ist, dass für diese keine Regulierung vorgesehen war, d.h. die Fahrgeschwindigkeit kann nicht gedrosselt werden.

Ich erinnere mich noch lebhaft an die Schilderung eines Kunden, die dieser vor einigen Jahren gab. Er hatte in den 1920er-Jahren als kleiner Bub zu Weihnachten eine solche (einfache) Dampflokomotive als Geschenk bekommen. Natürlich wurde diese sofort befeuert und er ließ sie auf den Gleisen unter dem Christbaum durchsausen. Doch – oh je! – die Lok sauste so schnell, dass sie aus der Kurve flog. Etwas Brennspiritus lief aus und setzte den Teppich in Brand. Der Brand wurde zwar sofort gelöscht und hinterließ keinen nennenswerten Schaden. Doch sein Vater hat die Lok noch am Heiligen Abend „entsorgt". Die Trauer war groß.

Besser ausgestattet waren die teureren Modelle. Solche verfügten über eine Vorrichtung zur Regulierung der Geschwindigkeit und konnten vorwärts und rückwärts fahren. Zudem verfügten sie über einen Flammrohrkessel. Das Flammrohr lief schräg durch das Innere des Kessels von hinten unten (da war die Brennerflamme) nach vorn oben zum Kamin. Der Kessel war auf diese Weise nicht direkt der Flamme ausgesetzt und wurde – etwa im Märklin Katalog von 1919 – als „fein handlackiert" angepriesen. Hitzeschäden nahmen solche Lokomotiven aber trotzdem, vor allem dann, wenn der Wasservorrat im Kessel aufgebraucht war, die Flamme aber noch brannte. Das führte unweigerlich zu einer Überhitzung mit entsprechenden Schäden vor allem am Lack.

Oft raten wir von einer farblichen Restaurierung dampfgetriebener Lokomotiven ab, da die Brandspuren nach unserer Ansicht zu deren Geschichte gehören und Teil ihrer Patina sind. Anders, wenn vom ursprünglichen Lack nur noch dunkle Krustenreste vorhanden sind, bei denen der Begriff „Patina" etwas überstrapaziert wäre.

Erwähnt werden soll noch die hohe Qualität der reinen Antriebstechnik solcher Lok-Modelle. Gemeint sind die Zylinder, die Kolben, die Schieber zur Steuerung des Dampfeinlasses und Dampfauslasses, auch die Kraftübertragung auf die Treibachsen. Es ist nahezu die Regel, dass hier gründliche Reinigung und frisches Ölen zur Wiederherstellung der Betriebstüchtigkeit genügen.

Elektrischer Antrieb

Mit dem Bau von Spielbahnen begann Märklin 1891. Schon sehr früh bot Märklin neben den klassischen Antrieben Federwerk und Dampf auch elektrisch betriebene Modelle an. Im Katalog von 1904 wurden rund ein Dutzend verschiedene elektrisch betriebene Fahrzeuge angeboten. Damals steckte der elektrische Antrieb bei der großen Eisenbahn noch in den Kinderschuhen. Auch war der Anschluss der privaten Haushalte ans Lichtnetz noch lange nicht flächendeckend. Aus diesem Grund bot Märklin neben den sogenannten „Starkstrom"-Modellen auch solche für „Schwachstrom" an. Beide Bezeichnungen sind eigentlich falsch. Die „Starkstrom"-Modelle wurden über einen „Universal-Zwischenschaltapparat", später dann durch eine „Glühlampen-Vorschaltung" bzw. einen „Regulierwiderstand" (ebenfalls mit Glühlampen bestückt) direkt am Lichtnetz (110 Volt bzw. auch 220 Volt) betrieben. Durch die vorgeschalteten Geräte wurde die Fahrspannung an den Gleisen auf etwa 40 Volt reduziert. Die „Schwachstrom"-Modelle wurden an wiederaufladbaren Akkumulatoren (ähnlich einer Autobatterie) mit 4 Volt, ganz früh teilweise auch mit 8 Volt, betrieben. Leistung ist das Produkt aus Spannung und Stromstärke. Bei gleicher Leistung fließt daher in einer „Starkstrom"-Lok ein geringerer Strom als in einer „Schwachstrom"-Lok. Die Bezeichnungen müssten daher genau andersherum sein. Gemeint war mit „Starkstrom" hohe Spannung übers Lichtnetz und mit „Schwachstrom" niedrige Spannung über Akku.

Für den Betrieb von „Starkstrom"-Bahnen kann man im Märklin Katalog von 1909 lesen:

„Die Isolierungen sind mit der erdenklichsten Sorgfalt gearbeitet und durch die Widerstands- und

Vorschaltgerät mit Kohlefadenlampen

Ausschalte-Apparate findet absolut zuverlässig Stromreduktion und Sicherung gegen Kurzschluss statt, so dass alle Gewähr für die Verhütung von Störungen bezw. jeglicher Gefahr geboten ist, und die Modelle von den ängstlichsten Eltern ihren Kindern ohne Bedenken überlassen werden können."

Eine ziemlich kühne Behauptung. Tatsache ist, dass der Spannungsabfall von 110 Volt bzw. 220 Volt auf rund 40 Volt etwa an den vorgeschalteten Kohlefaden-Glühlampen nur erfolgte, wenn Strom floss. Sie waren im Stromkreis in Reihe geschaltet. Entgleiste die Lok und lag neben den Schienen, floss natürlich kein Strom mehr und es fiel keine Spannung mehr ab. Die volle Netzspannung lag jetzt an den Gleisen. Fatalerweise erloschen dann auch die vorgeschalteten Lampen und signalisierten so Harmlosigkeit. Ich erinnere mich noch sehr gut an den Besuch eines damals etwa 80 Jahre alten Herrn. Er brachte eine sehr gut erhaltene Dampflokomotive für „Starkstrom"-Betrieb mit. Diese hatte er als Junge bekommen und natürlich auch betrieben. Er erzählte uns, dass er heftig unter Extrasystolie (Herzstolpern) litt und dass daran Märklin schuld sei, weil er als Junge so viele Stromschläge bekommen habe. Das dürfte gelinde übertrieben gewesen sein, aber harmlos war der Umgang mit dem „Starkstrom"-System mit Sicherheit nicht. Das Anliegen des Herrn war denn auch, dass wir die Lok auf das ungefährliche 20-Volt-System mit Transformator umrüsteten. Kurze Zeit später kam er wieder, um die umgebaute Lok abzuholen. Jetzt könne er diese seinem inzwischen 7-jährigen Enkelsohn getrost zum Spielen überlassen.

Zu den Kohlefaden-Glühlampen steht im Märklin Nachtragskatalog von 1913 zu lesen:

„Wir führen diese Lagersorten, da die im Handel fast allgemein befindlichen Metallfadenlampen sich wegen geringen Strom-Durchlasses zur Widerstands-Vorschaltung wenig eignen, und die Kohlefadenlampen nicht überall erhältlich sind."

Tatsache ist, dass der elektrische Widerstand beim Kohlefaden mit steigender Temperatur abnimmt, den Stromfluss in glühendem Zustand also weniger hindert, als in kaltem Zustand. Bei Metallfäden (meist Wolfram) verhält es sich genau andersherum.

Der VDE (Verband der Elektrotechnik – ursprünglich: „Verband Deutscher Elektrotechniker) hatte sich in den 1920er-Jahren auch schon zu Wort gemeldet und u.a. auch Märklin dringend aufgefordert, seine elektrisch betriebenen Spielzeuge auf das 20-Volt-System umzustellen. Märklin kam dieser Forderung nach und informierte im Jahr 1927 seine Kunden in einer kleinen Druckschrift auf diesen Umstand. Darin kann man u.a. lesen:

„Der Nachteil dieser einfachen und billigen Lampenwiderstände war der, dass bei Verwendung derselben unter ungünstigen Umständen die hohe Spannung des Lichtnetzes in den Schienen auftrat, wodurch die spielenden Kinder elektrischen Schlägen ausgesetzt waren." Die „ungünstigen Umstände" bestanden eben darin, dass die Lokomotive bei rascher Fahrt aus der Kurve fliegen konnte und dann die volle Netzspannung an den Gleisen lag.

Ab dem Jahr 1928 waren daher keine Fahrzeuge für „Starkstrom" mehr im Angebot Märklins, stattdessen solche für das bereits erwähnte 20-Volt-System. Die Reduzierung der Spannung erfolgte nicht mehr über vorgeschaltete Widerstände, sondern über einen Transformator. Auf diese Weise war das Schienensystem vollständig galvanisch vom Lichtnetz getrennt. Der Spielbetrieb war insofern jetzt harmlos. Ein Transformator kann nur an Wechselspannung betrieben werden

Im Märklin Katalog von 1904 steht zu lesen: „Trotz weit verzweigter elektrischer Lichtanlagen ist aber deren Einführung selbst in größeren Städten noch im Rückstande; darum ist für die Interessenten elektrischer Eisen- oder Straßenbahnen in solchen für Schwachstrom (Akkumulatoren) Rechnung getragen, die ebenfalls ansehnliche Leistungen aufweisen." Mit den „ansehnlichen Leistungen" war es so eine Sache, denn die Akkumulatoren mussten von Zeit zu Zeit nachgeladen werden, was bei fehlendem Lichtnetz natürlich nur außer Haus geschehen konnte. Zudem waren die Zellen der Akkus mit aggressiver Säure gefüllt, was die Sache auch nicht gerade harmlos machte. Mit zunehmender Stromvernetzung auch der Privathaushalte schwand die Bedeutung der „Schwachstrom"-Lokomotiven. Dennoch wurden solche noch in den 1930er-Jahren vereinzelt angeboten, jetzt allerdings für Batteriebetrieb („Taschenlampen-Batterien"). Elektrisch betriebene Lokomotiven waren in den großen Spurweiten (Spuren 0, 1 und 2) bis zum jeweiligen Produktionsende durch aufgemalte (zumeist zwei) Blitzpfeile gekennzeichnet. Bei den Dampflok-Modellen waren diese Pfeile meist vorn seitlich am Kessel rechts und links angebracht. Die „Starkstrom"-Exemplare trugen goldene, die „Schwachstrom"-Loks grüne und die für das 20-Volt-System rote Pfeile.

Erwähnen kann man noch, dass Teile des bundesdeutschen Stromnetzes bis in die 1950er-Jahre mit Gleichspannung beschickt wurden. In Stuttgart z.B. hatten damals einige Stadtteile noch 110 Volt Gleichspannung, während die andern bereits auf 220 Volt Wechselspannung umgestellt waren. Zum Betreiben eines Transformators ist aber Wechselspannung von Nöten, mit Gleichspannung geht das nicht. Damit konnte in Gebieten mit Gleichspannungs-Netz das 20-Volt-System nicht in der beschriebenen Weise betrieben werden. Märklin

Märklin Transformator der 1930er-Jahre mit einem Netzstecker ohne Schutzkontakt

Die Loks waren durch Pfeile in verschiedenen Farben gekennzeichnet:

- **Roter Pfeil = 20 V**
- **Goldener Pfeil = Starkstrom**
- **Grüner Pfeil = Schwachstrom**

Rotor für Spur 0, daneben der Kommutator. Rechts im Bild: ein betriebsfertiger Rotor für einen Motor der 1930er-Jahre

hatte für solche Fälle einen „Umformer" im Angebot, in der Elektrotechnik auch Einanker-Umformer oder Dynamotor genannt. Dabei handelte es sich um einen Elektromotor für Gleichstrom, auf dessen Anker neben der Motorwicklung noch eine zweite Wicklung aufgebracht war, zwischen deren Enden im Betrieb eine Wechselspannung von ca. 20 Volt induziert wurde. Diese war (wie beim Trafo) galvanisch vom Lichtnetz getrennt und stand als sichere Betriebsspannung für die Bahn zur Verfügung. Die Fahrgeschwindigkeit wurde durch einen nachgeschalteten Regulierwiderstand gesteuert. Allerdings verursachten diese Geräte einen ziemlichen Lärm. Ich weiß aus mehreren Erzählungen von Kunden, dass, wenn solch ein Umformer in einem Mehrfamilienhaus auf dem Fußboden betrieben wurde, öfter mal vom Stockwerk darunter mit dem Besenstiel an die Decke geklopft wurde, weil der Umformer so dröhnte.

Ein Elektromotor besteht im Prinzip aus zwei Teilen: dem Stator und dem Rotor, der Stator steht, der Rotor rotiert. Beidesmal handelt es sich um Magnete – oder sie werden zu solchen im Falle von Stromfluss durch die Stator- bzw. Rotorspule. Die Wechselwirkung der beiden Magnetfelder erzeugt das Drehmoment, welches den Rotor antreibt. Der Stator kann ein Permanentmagnet (Dauermagnet) sein oder eine um einen Eisenkern gewickelte Spule, durch die im Betriebsfall Strom fließt, wodurch der Eisenkern magnetisch wird. Ist es ein Dauermagnet, so läuft der Motor nur mit Gleichstrom. Ist es eine Spule, dann läuft er sowohl mit Gleich- als auch mit Wechselstrom, es ist ein Allstrommotor.

Von ganz wenigen Ausnahmen abgesehen, handelt es sich bei den Motoren in Märklin Lokomotiven um solche Allstrommotoren. Dies gilt von den ersten Anfängen um das Jahr 1900 in den großen Spurweiten, bis weit in die H0-Zeit hinein. Von solchen Motoren ist hier die Rede. Danach endet der Bereich unserer Tätigkeit. Die weit verbreitete Bezeichnung „Wechselstromlok" für die meisten Märklin Lokomotiven ist bis hierher mit einem Fragezeichen zu versehen.

Beim Rotor (des Aussehens wegen oft auch „Anker" genannt) handelt es sich in jedem Fall um Spulen, die um den „Ankerkern" aus Eisen gewickelt sind. Über die Jahrzehnte hinweg hat Märklin hier 3-polige Rotoren verwendet, d.h. es sind drei Spulen. Wären es nur zwei, dann könnte es geschehen, dass der Motor nicht von alleine anläuft. Mehr als drei jedoch wären möglich gewesen. Das Dumme ist jetzt, dass sich der Rotor im Betriebsfall dreht, er andererseits aber mit einer Stromzufuhr versehen sein muss, weil erst der Strom das Magnetfeld erregt. Damit das geht, wird der Rotor mit einem sog. Kollektor versehen (Kollektor heißt „Sammler", weil sich an seinem Ort die Drahtenden der Spulen sammeln). Die Stromzufuhr an den Kollektorscheiben (meist aus Kupfer) erfolgt nun über sog. „Kohlebürsten". „Kohle", weil Graphit sowohl gute Gleiteigenschaften hat, als auch elektrisch leitfähig ist, „Bürste", weil bei den frühen Elektromotoren (etwa von Siemens) diese tatsächlich aus Drahtbürsten bestanden. Märklin verwendete seit den 1930er-Jahren jeweils eine Graphitkohle und ein formgleiches Gebilde aus feinem Kupfergeflecht. Die Kohle soll schmieren, das Kupfergeflecht vom Abrieb reinigen, Strom zu- oder abführen sollen sie natürlich beide. Märklin verwendet Scheibenkollektoren. Auf einer kreisförmigen Scheibe aus elektrisch isolierendem Material sind drei Segmentscheiben (Kreissegmente, jeweils 120 Grad) gegeneinander isoliert aufgenietet. Ein Drahtende der ersten der drei Rotorspulen wird nun seitlich an eine der drei Segmentscheiben gelötet (bis in die 1920er-Jahre zum Teil auch geschraubt), das andere Drahtende kommt an die zweite Segmentscheibe. Ebenfalls dorthin kommt der Drahtanfang der zweiten Spule, deren Drahtende ans dritte Segment.

Am dritten Segment sitzt auch der Anfang der dritten Spule, deren Drahtende ans erste Segment gelötet wird. Jetzt ist der Rotor bereit zum Einsatz. Für Kenner noch der Hinweis: die Motoren sind im Hauptschluss geschaltet, d.h. Rotor- und Statorspule in Reihe.

Die „Bürsten" werden mit sanftem Federdruck parallel zur Rotorachse gegen den Kollektor gedrückt. In jeder Drehlage des Rotors werden genau zwei Kollektorsegmente von den „Bürsten" berührt. Gemäß der eben beschriebenen Verdrahtung wird jetzt eine der drei Spulen von Strom durchflossen, erzeugt ein Magnetfeld und will sich im Statorfeld ausrichten, wodurch sich der Rotor dreht. Ehe jedoch die „Wunschlage" (Gegenpole ziehen sich an) erreicht ist, hat sich die Kollektorscheibe unter den „Bürsten" weiter gedreht und die eben noch aktive Spule ist dadurch stromlos geworden. An ihre Stelle rückt jetzt die zweite Spule und das „Gegenpole-ziehen-sich-an"-Spiel geht weiter. Und so weiter und so fort. Der bemühte Rotor kommt nicht zur Ruhe. Es ist ein wenig so wie bei dem Esel, auf dessen Rücken ein Reiter sitzt, der dem Esel eine an einer Stange befestigte Karotte vors Maul hält, natürlich so, dass das Maul diese nicht erwischt. Dem armen Esel geht's jetzt wie dem Rotor. Er rennt ständig weiter und kommt nicht ans Ziel.

Kohle und Kupfergeflecht sind Verschleißteile, sie nutzen sich während des Betriebes ab und müssen von Zeit zu Zeit erneuert werden. Dazwischen liegen aber viele Betriebsstunden. Schlimmer ist eine andere Verschleißerscheinung: Die drei Rotorspulen werden – wie oben beschrieben – im Regeltakt von Strom durchflossen und vom Stromfluss getrennt. Diese Stromunterbrechung erzeugt einen sog. Abrissfunken (in der Summe auch als „Bürstenfeuer" bekannt). Die Abrissfunken bewirken auf dem Kollektor ein langsames Wegerodieren von Kupfer an den Stellen benachbarter Segmente. In Extremfällen hatten wir schon mehr als 1 mm Erosionstiefe. Ein Anker mit solchem Kollektor läuft freilich nicht mehr sauber rund. Es gehört zu unseren regelmäßigen Aufgaben, die Kollektoren mit Hilfe der Drehmaschine wieder sauber plan zu drehen.

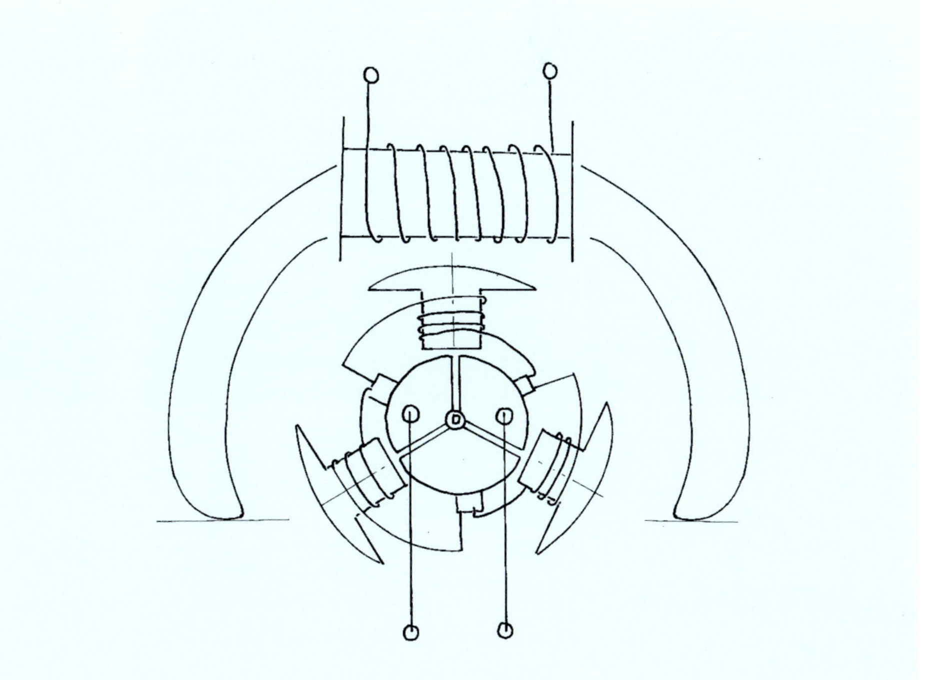

Noch ein Aspekt ist in diesem Zusammenhang der Erwähnung wert: die Kommutation. „Kommutation" heißt Änderung, Wandelung, Austausch. Gemeint ist damit die regelmäßige Abwechslung des Betriebszustands der drei Rotorspulen, von denen im Wechsel jeweils nur eine von Strom durchflossen wird. An welcher Stelle und wann die Umpolung geschieht, hängt natürlich von der Orientierung der Kollektorscheibe ab. Wird diese auf der Ankerwelle gedreht, dann ändert sich die Kommutation. Nur in bestimmter Lage läuft der Rotor optimal. Diese Lage wiederholt sich natürlich wegen der gegebenen Symmetrie nach Drehung der Scheibe um jeweils 120 Grad. Wichtig ist dabei auch die Orientierung der Statorspule: senkrecht, waagerecht oder schräg. Wesentlich ist auch, ob die Bürstenbrücke, das ist das Teil, das die Bürsten hält, waagerecht oder senkrecht montiert ist. Alle genannten Varianten kommen bei den großen Spuren vor. Obwohl die Rotoren z.B. bei den 920er-Lokomotiven von gleicher Art sind, unterscheiden sie sich in der Kommutation. Es genügt daher also nicht, etwa einen 920er-Anker für die Spur 0 zu ordern. Man muss den Lokomotivtyp wissen. Wegen dieser Funktion des Kollektors wird dieser auch Kommutator genannt.

Fahrtrichtungswechsel

Bis hierher wäre jetzt alles bestens, die Lokomotiven laufen, sie laufen sogar unabhängig, ob mit Gleich- oder Wechselstrom betrieben (Allstrommotoren), selbst die Fahrgeschwindigkeit lässt sich regeln. Doch da ist jetzt noch die Sache mit dem Fahrtrichtungswechsel und dies idealerweise auch noch vom Fahrregler aus. Das bereitete auch ganz offenbar den Konstrukteuren bei Märklin über die Jahrzehnte hinweg einiges Kopfzerbrechen. Deshalb wurde die ideale Umschalttechnik erst im heutigen digitalen Zeitalter gefunden. In diesem ist das Problem des Richtungswechsels sozusagen „von alleine" gelöst. Doch diese modernen Produkte sind nicht Thema dieses Buches.

Für unsere elektrisch betriebenen Fahrzeuge gibt es im Prinzip zwei Möglichkeiten, die Fahrtrichtung zu wechseln. Die Stromrichtung muss entweder in der Spule des Stators oder in der des Rotors geändert werden. Jedoch keinesfalls in beiden gleichzeitig. Das ist auch der Grund dafür, dass eine mit Gleichstrom betriebene Allstrom-Lok ihre Fahrtrichtung nicht ändert, wenn man die Anschlusspole (plus/minus) vertauscht, denn davon sind dann beide Spulen betroffen. Die Polwendung sollte also entweder an der Feldspule (Stator), oder an den Bürsten (Rotorkontakte) erfolgen. Bei den großen Spuren kommen beide Möglichkeiten vor, bei der Spur 00 (H0) immer nur an der Feldspule.

Bei einfachen oder billigeren Lokomotiven erfolgte die Umschaltung bereits in der „Starkstrom"-Zeit von Hand. Bei der Spur 00 (H0) gab es die reine **Handumschaltung** nur bei den Lokomotiven der Serien 700 und 790. Freilich wäre es eleganter, wenn man den Fahrtrichtungswechsel vom Fahrpult aus bewerkstelligen könnte. Dazu wurde zunächst in die Lok eine weitere Magnetspule eingebaut. Wird diese von Strom durchflossen, dann zieht ihr Eisenkern entgegen einer Federkraft einen Eisenbügel an. Dieser betätigt eine Schaltwippe, die ihrerseits über ein mechanisches Gestänge die Umschaltung an der Bürstenbrücke bewirkt. Wird die Fahrspannung abgeschaltet, dann bringt die Feder den Eisenbügel

Frühe Ausführung der „CL" in Spur 1 mit mechanischer Handumschaltung

wieder in Bereitschaftsstellung. Beim nächsten Anfahren bewirkt die Magnetmechanik erneut ein Umschalten und die Lok fährt in die andere Richtung. Damit dies sicher funktioniert, erfolgt das Anfahren bei jeweils höchster Fahrspannung. So waren bereits die Fahrtregler der „Starkstrom"-Lokomotiven konstruiert und später dann auch die Transformatoren für den Betrieb der Loks großer Spurweiten. Bei einigen Lokomotiven hat die zusätzliche Schaltspule über ein mechanisches Kontaktpaar die Umpolung an der Feldspule (Stator) bewirkt.

Seit etwa 1905 gab Märklin dieser Art der Umschaltung über eine separate Spule die Benennung „64". Man redet auch von der **64er-Schaltung**. Form und Größe der Spule und die Art der nachgeordneten Schaltmechanik gibt es dabei in einer ganzen Reihe von Varianten. Auch Versionen von Vorgängern, die ähnlich funktionieren, jedoch noch nicht die Kennzeichnung „64" haben, sind bekannt. Im Übrigen kam die 64er-Schaltung bis zum Ende der „Starkstrom"-Zeit zur Anwendung.

Bei wenigen Modellen gab es die 64er-Schaltung auch noch nach der Umstellung auf das 20-Volt-System im Jahr 1927. Man erkennt diese an der Ziffer „1" der nachgeordneten Ziffernfolge der Lokomotivbezeichnung. Beispielsweise änderte sich die Bezeichnung „H64/3021" („Starkstrom") in „H64/13021" (20 Volt).

Alle Triebfahrzeuge mit 64er-Schaltung haben eine zusätzliche Schaltspule eingebaut. Einerseits verursachte diese natürlich zusätzliche Kosten, andererseits wird – vor allem bei kleineren Lokomotiven der Spur 0 – der verfügbare Raum ziemlich knapp. Vermutlich aus diesen Gründen hat man sich bei Märklin überlegt, dass mit der Statorspule ja ohnehin bereits eine Spule vorhanden sei, deren Magnetfeld man ja im Prinzip für die Umschaltmechanik verwenden könne. So kam es 1927 zur Einführung der **65er-Schaltung**. Bei dieser ist der spulentragende Teil des Stator-Eisenkerns von den beiden Schenkeln des Kerns getrennt. Mit einem der beiden Schenkel wird der Spulenkern durch eine Art Scharnier beweglich verbunden. Über dem anderen Schenkel wird der Spulenkern durch eine Feder leicht angehoben. Fließt jetzt Strom durch die Spule, werden die Eisenkernteile magnetisch und der zweite Schenkel zieht den Spulenkern zu sich her. Eine beigeordnete Hebelmechanik bewirkt bei diesem Vorgang einen Polwechsel an der Bürstenführung des Stators. Bei Wegnahme der Fahrspannung fließt kein Strom mehr, das Magnetfeld verschwindet und die Feder zieht den Spulenkern wieder nach oben. Gibt man erneut Spannung auf das Gleis, wiederholt sich der beschriebene Vorgang und die Umpolung an der Bürstenführung bewirkt die Änderung der Fahrtrichtung. Bei der 65er-Schaltung erfolgt die Umpolung stets an der Bürstenbrücke (Rotor), bei der 64er-Schaltung gibt es daneben auch – wie oben beschrieben – die Polwendung am Stator. Einige Lokomotiven mit drei Treibachsen wurden nach der Umstellung auf das 20-Volt-System zwar als 65er-Modelle bezeichnet, waren tatsächlich aber mit einer 64er-Schaltung ausgestattet.

Spur-0-Fahrwerk mit sog. 65er-Schaltung mit beweglichem Spulenträger

Im praktischen Fahrbetrieb erwies sich die 65er-Schaltung als ziemlich störanfällig. Der Wechsel der Fahrtrichtung funktionierte oft nicht so, wie es die Theorie beschreibt. Es konnte auch zu ungewolltem Umschalten während der Fahrt kommen.

Spur-0-Fahrwerk mit 66er-Schaltung

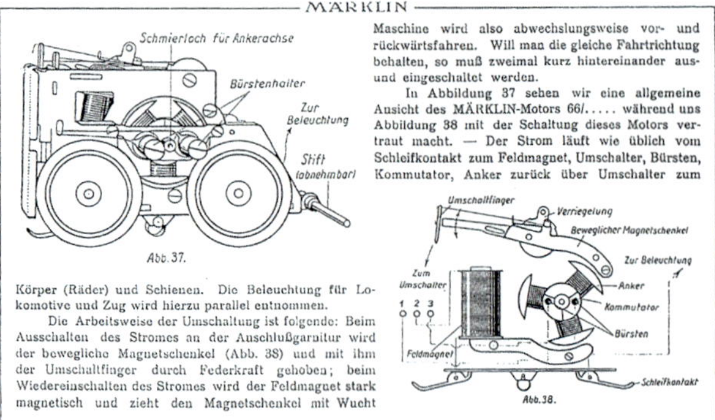

MÄRKLIN

Maschine wird also abwechslungsweise vor- und rückwärtsfahren. Will man die gleiche Fahrtrichtung behalten, so muß zweimal kurz hintereinander aus- und eingeschaltet werden.

In Abbildung 37 sehen wir eine allgemeine Ansicht des MÄRKLIN-Motors 66/..... während uns Abbildung 38 mit der Schaltung dieses Motors vertraut macht. — Der Strom läuft wie üblich vom Schleifkontakt zum Feldmagnet, Umschalter, Bürsten, Kommutator, Anker zurück über Umschalter zum Körper (Räder) und Schienen. Die Beleuchtung für Lokomotive und Zug wird hierzu parallel entnommen.

Die Arbeitsweise der Umschaltung ist folgende: Beim Ausschalten des Stromes an der Anschlußgarnitur wird der bewegliche Magnetschenkel (Abb. 38) und mit ihm der Umschaltfinger durch Federkraft gehoben; beim Wiedereinschalten des Stromes wird der Feldmagnet stark magnetisch und zieht den Magnetschenkel mit Wucht

28

MÄRKLIN

nach unten, der Umschaltfinger senkt sich und betätigt den beweglichen Umschalter, womit Aenderung der Drehrichtung des Ankers und somit der Fahrtrichtung der Lokomotive verbunden ist.

Die Abbildungen 39—41 zeigen drei charakteristische Stellungen des Umschalters:

In Abb. 39 ist der Umschaltfinger gesenkt; der Strom läuft vom Feldmagnet *2* zu Bürste *1*, während Bürste *3* mit dem Körper Verbindung hat. Die Bahn laufe etwa vorwärts.

In Abb. 40 ist der Strom ausgeschaltet, der Umschaltfinger ist gehoben; durch eine kleine Feder wird er in der Ruhestellung jeweils genau senkrecht eingestellt.

In Abb. 41 ist der Strom wieder eingeschaltet, der Umschaltfinger hat sich gesenkt und hat den Umschalter mittels einer der vorgesehenen Einkerbungen umgeworfen. — Der Strom läuft jetzt vom Feldmagnet *2* zu Bürste *3*, während Bürste *1* mit dem Körper Verbindung hat. Die Stromrichtung im Anker ist somit geändert; die Bahn wird jetzt rückwärts laufen.

29

„Die elektrische Spiel-Eisenbahn. Ihre Arbeitsweise und Bedienung und einiges von ihren Vorbildern", Märklin ON 0333 m

Natürlich war dieses Problem auch in Göppingen bekannt und bereits 1932 wurde daher die 65er-Schaltung durch die neu entwickelte **66er-Schaltung** abgelöst. Zwei wesentliche Unterschiede kennzeichnen diese: Zwar blieb es bei der Verwendung der Statorspule zum Zweck der Umschaltung, eine zusätzliche Spule wurde auch da nicht mehr benötigt. Beweglich war jetzt aber einer der beiden Schenkel des Eisenkerns und nicht mehr das spulentragende Teil. Das brachte eine Minderung der Trägheit. Zum andern erfolgt die Umpolung jetzt an der Statorspule über eine Schaltwippe und nicht mehr an der Bürstenbrücke. Das brachte eine Minderung der Reibungskräfte.

Die 66er Schaltung war nicht mehr so störanfällig, wie ihre Vorgängerin. Doch auch hier konnte es zu unkontrolliertem Umschalten kommen. Bei beiden Schaltarten konnte man die Fernschaltung arretieren. Die Änderung der Fahrtrichtung erfolgte dann von Hand mittels eines Schalthebels oder einer Schaltstange, die z. B. im Führerstand bedient werden konnten. Noch in den späten 1930er-Jahren gab Märklin die Empfehlung, vor allem bei großen Anlagen oder solchen mit vielen Weichen auf die Fernschaltung zu verzichten, um Betriebsstörungen zu vermeiden.

Von solchen Misslichkeiten frei war eine neue Art der Umschaltung, die parallel zur 66er-Schaltung entwickelt und 1935 erstmals vorgestellt wurde: die **70er-Schaltung**. Hier kam ein neues Teil der Elektronik zum Einsatz, die Halbleiterdiode. Eine Diode lässt den Strom nur in eine Richtung durch. Damit gab es keinerlei störanfällige Schaltmechanik mehr, echtes „Hightech" für die damalige Zeit. Am Prinzip des Magnetpolwechsels durch Umkehr der Stromrichtung entweder am Rotor oder am Stator zum Zweck der Änderung der Fahrtrichtung hatte sich natürlich nichts geändert.

Voraussetzung für diese neue Art der Umschaltung ist allerdings die Verwendung von Gleichspannung. Da ein Transformator grundsätzlich nur mit Wechselspannung funktioniert, musste diesem ein sog. „Schaltapparat" nachgeschaltet werden. Dieser enthält eine Diodengruppe, die die vom Trafo gelieferte Wechselspannung gleichrichtet, und einen Polwendeschalter, mit dem die Pole am Gleis getauscht werden können. In die Lokomotiven mit 70er-Schaltung sind zwei Dioden eingebaut, die gegenpolig geschaltet sind. Die Statorspule hat einen Mittenanschluss, sie ist dadurch zweiteilig. Nach der halben Windungszahl wird der Draht herausgeführt zu einer Lötöse, von da dann zurück zur Spule zur zweiten Windungshälfte. Je nach Polung am Gleis wird durch das Diodenpaar entweder die erste oder die zweite Spulenhälfte mit Strom beschickt. Fließt der Strom in einer Spule im Uhrzeigersinn, dann in der anderen Hälfte im Gegenuhrzeigersinn. Die jeweilig generierten Magnetfelder sind also gegenpolig. So wird der Wechsel der Drehrichtung bewirkt. Bei Lokomotiven mit 70er-Schaltung ist also jeweils nur eine Hälfte der Statorspule aktiv.

In den 1930er-Jahren steckte die Halbleitertechnik noch in den Kinderschuhen. Das Material für Halbleiter war bevorzugt Selen, man redet daher auch von Selen-Dioden. Diese sind bei der 70er-Schaltung in Form flacher Scheiben von etwa 3,5 cm Durchmesser vorn zwischen den Motorplatinen montiert. Die Eigenschaften von Selen sind deutlich schlechter als die des heutzutage in der Halbleitertechnik verwendeten Siliziums. Hinzu kommt, dass Märklin nicht die besten Qualitäten verfügbar hatte.

Wir fanden schon in Lokomotiven eingebaute Selenscheiben mit dem Aufdruck „2. Wahl“. Die „1. Wahl“ war vermutlich militärischen Zwecken vorbehalten. Böse Zungen redeten anstelle von „Gleichrichter“ von „gleich riecht er“. Die Motoren mit 70er-Schaltung sind keine Allstrom-Motoren wie die mit anderen Umschaltarten, sie funktionieren nur mit Gleichstrom. Andererseits können die Loks mit Allstrom-Motoren auch mit Gleichstrom betrieben werden. Allerdings können die 66er-Schaltung, vor allem aber die 65er-Schaltung zusätzlich Probleme beim Umschalten machen, weil Gleichstrom Einfluss auf die Charakteristik der Magnetumschalter hat.

All dies mag der Grund dafür sein, dass sich die 70er-Schaltung nicht so recht durchsetzen konnte. Im Katalog von 1939/40 werden 17 Triebfahrzeuge mit der 66er-Schaltung für die Spur 0 angeboten, jedoch nur 8 mit der 70er-Schaltung, davon nur eines (die Stromliniendampflok „SLH“) ausschließlich mit der neuen Umschaltung. Für die Spurgröße 1 hatte zur Zeit der Entwicklung der 70er-Schaltung der Schwanengesang bereits begonnen. Zum letzten Mal wurden Spur-1-Fahrzeuge im Katalog 1937/38 angeboten. Die 70er-Schaltung kam bei Spur 1 nicht zur Verwendung.

Tücken der Technik

Eines Tages besuchte uns ein Kunde und brachte ein Märklin Modell der „BR 01“ für Spur 0 mit, eine „HR66/12920“. Diese Lok hatte er vor längerer Zeit erworben. Die Lok war in gutem Zustand, doch der Motor hatte irgendwie Probleme gemacht. Unter anderem war die Bürstenbrücke beschädigt oder abhandengekommen, so erzählte er uns. Dann fand er auf einem Tauschmarkt ein solches Teil in sehr gutem Zustand. Hochzufrieden erwarb er dieses und baute es alsbald in den Motor seiner „HR“ ein. Doch – oh je – dieser wollte partout nicht laufen. Deshalb sei er jetzt hier.

Das Problem war schnell erkannt. Er hatte eine Bürstenbrücke für die 70er-Schaltung erworben. Die sieht rein äußerlich aus wie die für die 66er-Schaltung. Jedoch sind bei letzterer beide Bürstenführungen gegen Masse isoliert, bei der Brücke für die 70er-Schaltung jedoch nur eine. Mit wenigen Handgriffen war die Sache behoben, der Motor lief jetzt einwandfrei und der Kunde verabschiedete sich hochzufrieden.

oben: 70er-Schaltung

links: Bürstenbrücke – kleiner aber feiner Unterschied: bei einer 66er-Schaltung (links) sind beide Bürstenführungen isoliert, bei der 70er (rechts) jedoch nur eine.

Die „Tischbahn“

Im Jahr 1935 stellte Märklin als preiswerte Alternative zu den großen Spurweiten ein neues Eisenbahnsystem in der Spurweite 00 (nach dem Krieg in H0, „Halbnull“ umbenannt) als „Tischbahn“ vor. Gedacht war dabei vor allem auch an Bewohner von Städten, denen oft nicht genügend Raum für eine „bodenständige“ Anlage der Spuren 0 oder 1 zur Verfügung stand. Natürlich waren die Preise der neuen Bahn auch günstiger als die der großen Spuren und so hoffte man auf die Erschließung neuer Märkte. Es gab zwei Arten des Antriebs: die der Serie 700 und die der Serie 800.

Die 700er-Schaltung

Die Statorspulen der Triebfahrzeuge der neuen Tischbahn sind alle mit Mittenanschluss versehen, also zweiteilig, wie bei der 70er-Schaltung der Spur 0. Die Fahrtrichtung wechselt abhängig davon, welche der beiden Spulenhälften aktiv ist. Bei der Serie 700 erfolgt diese Umschaltung durch einen mechanischen Schalter, der meist als Steckteil ausgeführt ist. Dieses Steckteil gab es auch mit einem Diodenpaar bestückt, es konnte dann gegen den mechanischen Schalter ausgetauscht werden. Zur Gleichrichtung der Fahrspannung musste dann allerdings ein „Schaltapparat“ zwischen Transformator und Gleisanlage geschaltet werden.
An dessen Polwendeschalter konnte dann der Wechsel der Fahrtrichtung erfolgen. Beim Betrieb mit Gleichspannung redet man auch von der Serie 700U. Nach dem Krieg wurden Fahrzeuge der Serie 700 nicht mehr angeboten.

Bei der 790er-Schaltung ändert dieser mechanische Schalter die Stromrichtung in der Statorspule.

Die 790er-Schaltung

Von dieser Art gab es nur zwei Lokomotivmodelle: die T 790 und die RS 790. Die Umschaltung erfolgt über einen mechanischen Schalter. Dieser ändert die Stromrichtung in der Statorspule, die ihrerseits nur eine Spule (ohne Mittenabgriff) hat. Man kann z.B. aus einer 800er-Statorspule (s.u.) eine 790er-Spule herstellen, indem man eine Spulenhälfte entfernt.

Die 800er-Schaltung

Bei dieser etwas teureren Version konnte der Fahrtrichtungswechsel der Triebfahrzeuge vom Trafo aus gesteuert werden. Dazu war in das Fahrzeug jeweils eine zusätzliche Schaltspule eingebaut. Die Statorspulen sind wie bei denen der Serie 700 zweigeteilt, also mit Mittenanschluss versehen. Welche der beiden Spulenhälften im Stromkreis liegt, wird von einer zusätzlich eingebauten Schaltspule (Umschaltrelais) gesteuert. Diese besteht aus einer Spule mit Eisenkern. An den Kern ist ein beweglicher Schaltbügel montiert, der wiederum den sog. Schaltschieber steuert. Bei der frühen Version bewirkt der Schaltschieber das Drehen einer Walze, die mit Kontakten versehen ist (Walzenrelais), die für die Verbindung zur jeweiligen Spulenhälfte sorgen. Beim Betrieb der Lok hält eine Feder (Schaltschieberfeder) den Schaltschieber fest, um ein ungewolltes Umschalten während der Fahrt zu verhindern. Bis zu einer Fahrspannung von etwa 19 Volt ist die Federkraft größer als die Magnetkraft der Spule. Durch Drücken auf einen Schaltknopf neben dem Fahrtregler der damals üblichen Transformatoren (bei der frühen Nachkriegsversion durch Drücken des Fahrtreglers selbst) erhöht sich die Spannung an den Schienen auf etwa 24 Volt (Überspannung). Jetzt übertrifft die Magnetkraft die Federkraft, der Schaltbügel wird angezogen und der Schaltschieber bewirkt durch Drehen der Schaltwalze die Umpolung am Statorfeld.

In der kurzen Zeit, während der der Spulenmagnet den Schaltmechanismus auslöst, liegt die Über-

Links: Wippenrelais, rechts: Walzenrelais

spannung am Motor der Lokomotive an. Diese wird dann spontan beschleunigt, sie macht einen sog. „Bocksprung", was zur Entgleisung führen kann.

Die Schaltabfolge sieht beim Walzenrelais – angenommen, die Lok fährt zunächst vorwärts – so aus: Schalten – Lok bleibt stehen, Schalten – Lok fährt rückwärts, Schalten – Lok bleibt stehen, Schalten – Lok fährt vorwärts und so fort.

Ein spontanes Umschalten ist mit dieser Technik nicht möglich. Nach einer Modifizierung, bei der die „Stopp-Stellung" entfiel, wurde das Walzenrelais in den 1950er-Jahren durch das sog. Wippenrelais ersetzt. Der Aufbau ist zunächst gleich dem beim Walzenrelais, doch betätigt der Schaltschieber jetzt eine Schaltwippe, die zwei Positionen einnehmen kann, eine für Vorwärtsfahrt und eine für Rückwärtsfahrt. Während des Schaltvorgangs wird der Fahrstrom unterbrochen, dadurch sollte der „Bocksprung" vermieden werden.

Die zugehörige neue Transformatorgeneration war außerdem so ausgelegt, dass nur von der Ruhestellung aus (keine Fahrt) die Überspannung für den Schaltprozess gegeben werden konnte. Die Schaltfolge war jetzt so: Schalten – Lok fährt rückwärts, Schalten – Lok fährt vorwärts und so fort.

Sowohl vom Walzenrelais, als auch vom Wippenrelais gibt es jeweils Varianten, die Funktionsprinzipien sind jedoch die gleichen. Das Wippenrelais erwies sich als weniger störanfällig, die ideale Umschaltung kam aber erst bei Verwendung elektronischer Schalter bzw. bei Einführung der digitalen Steuerung in den 1980er-Jahren.

KAPITEL 4

Die Entwicklung der Firma

Märklin „SK 800“, davor „SEH 800“

Die erste elektrische Eisenbahn bekam ich zu Weihnachten 1952. Es hätte eine Bahn von Märklin sein sollen, doch – so erzählten es mir meine Eltern – war eine solche in der Vorweihnachtszeit in den Spielwaren-Geschäften nicht mehr erhältlich. Daher bekam ich eine „Europa-Bahn“ in der Spurweite TT (12 mm). Der Zug bestand aus einer Stromliniendampflok mit der Bezeichnung „DL 300“ und 4-achsigem Schlepptender. Dabei waren drei 4-achsige Personenwagen. Lok, Tender und Wagen waren aus Metalldruckguss und sehr stabil. Selbst die Schienenkörper waren aus Metalldruckguss. Die Lok war offensichtlich der „SK 800“ von Märklin nachgebildet, die Wagen der Serie „340“, ebenfalls von Märklin.

Die Anfänge

Drei Jahre später bekam ich dann doch die ersehnte Bahn von Märklin. Die Lok war eine „SEH 800", die Nachbildung der Baureihe 1100 der „NS" (Nederlandse Spoorwegen N.V., Niederländische Eisenbahnen A.G.). Besonders schick fand ich die blaue Farbgebung, denn die meisten E-Loks kannte ich in grün. Die „Bullaugen"-Fenster an den Seitenwänden hatten für mich auch einen eigenen Reiz. Dabei waren einige 4-achsige D-Zugwagen der Serie „346". In den Folgejahren kamen noch einige Lokomotiven und Wagen dazu. Eine feste Anlage hatte ich nicht. Zu Weihnachten wurde die Bahn auf dem Fußboden aufgebaut und so gegen Mitte Januar wieder weggepackt. Das war jeweils kein großer Aufwand, denn mein Bestand blieb sehr überschaubar.

Um die Abiturzeit herum standen dann andere Interessen im Vordergrund und ich habe damals meine Märklin Bahn verscherbelt. Die Reue folgte Jahre später, als unser erster Sohn unterwegs war. Da musste natürlich vernünftiges Spielzeug her, am besten eine Märklin Bahn. Damals besorgte ich mir den neuesten Katalog von Märklin und blätterte versonnen darin herum. Doch da gab es noch das „Stuttgarter Wochenblatt" mit vielen Verkaufsanzeigen, auch Märklin Bahnen. Es zeigte sich schnell, dass man auf diesem Gebrauchtmarkt für einen gesetzten Betrag viel mehr Eisenbahn bekommen konnte, als im Spielwarengeschäft. So erwarb ich z.B. für 20,- DM eine „SK 800", das Pendant von Märklin zu meiner ehemaligen „DL 300", der „Europa-Bahn" in Spur TT. Freilich war diese „SK", wie auch viele andere auf diesem Weg erstandene Stücke, in etwas traurigem Erhaltungszustand. Doch diese Mängel müssten sich ja beheben lassen.

Munter machte ich mich ans Werk und noch vor der Geburt unseres ersten Sohnes waren eine ganze Reihe Loks und Wagen in neuem Gewand spielbereit. Freilich vergingen noch einige Jahre, bis der Knabe eigenhändig die Bahn bedienen konnte, aber mit Vergnügen zugeschaut wie die Züge ihre Runden drehten, hat er schon im ersten Lebensjahr. Die Bahn und das Zubehör nahmen an Umfang zu, manches haben wir im Fachgeschäft neu erworben. Aber das Herrichten gebrauchter alter Stücke hat ausgesprochen Freude gemacht. Vor allem aber gab es auf dem Gebrauchtmarkt viele Teile, die längst nicht mehr im Laden erhältlich waren. Da hat uns die Sammler-Leidenschaft gepackt und bald schon hatten wir eine ansehnliche Sammlung alter Märklin Produkte beisammen. Für die erforderlichen Arbeiten hatte ich mir im Keller unseres Hauses eine kleine Werkstatt eingerichtet.

Firmengründung

Bei solcher Aktivität lernten wir auch andere Sammler kennen und Freundschaften bahnten sich an. Es war unvermeidlich, dass der eine oder der andere Sammlerfreund mit dem Anliegen kam, ich könne doch dieses oder jenes schlecht erhaltene Stück aus seinem Besitz wieder herrichten. Die Sache bekam einen wachsenden Umfang und 1983 entschlossen wir uns, eine kleine Firma zu gründen. Meine Frau machte damals einen Kursus in Buchhaltung und wir meldeten dann den Betrieb an. Es war im Frühjahr 1985, als sich die Firma Märklin bei uns meldete und uns zu einem Besuch in das damalige Märklin Service Center bat. Sie hätten von Kunden gehört, dass wir uns mit der Restaurierung alter Stücke aus früherer Produktion ihres Hauses beschäftigen. Darüber wollten sie mit uns reden.

Das Gespräch fand statt und von Märklin kam der Vorschlag, im Rahmen des Service Centers eine eigene Restaurationsabteilung zu eröffnen. Von uns kam dann der Gegenvorschlag, als Firma eigenständig zu bleiben und mit der Firma Märklin eine Vereinbarung über die Restaurierung alter Stücke zu treffen. Die Firma Märklin und die Firma Ritter Restaurationen schlossen daraufhin einen entsprechenden Vertrag. Die Werkstatt im Keller war jetzt entschieden zu klein und wir mieteten im Nachbarort Neckarhausen geeignete Werkstatträume an.

Wir stellten dann noch einen Mitarbeiter ein, der von der Ausbildung her, vor allem aber seiner persönlichen Verbundenheit mit den Märklin Stücken wegen, hervorragend geeignet war, sich vor allem um die technische Funktion der alten Stücke zu kümmern. Über viele Jahre hinweg funktionierte die Zusammenarbeit mit Märklin so, dass wir ein bis zweimal pro Monat bei Märklin zu Restaurierendes abholten und fertig Restauriertes dort ablieferten. Manchmal kamen auch Mitarbeiter von Märklin zu uns und der Austausch lief dann andersherum.

Bald schon nahm die Sache einen solchen Umfang an, dass wir einen weiteren Mitarbeiter einstellten. Klaus Thieme, ein studierter Geologe, hatte eine sehr sichere und auch geübte Hand für die Bearbeitung von Blechteilen, was vor allem für die Anfertigung fehlender Blechteile der Spurgrößen 0 und 1 von großem Nutzen war. Ihn verband vor allem die Liebe zur alten Blechbahn mit der Sache.

Oft sah das gesamte Prozedere einer Restaurierung so aus: Ein Kunde bringt ein schadhaftes Stück zu

Das heute Firmengebäude im Rohbau, 1996

seinem Spielzeughändler – dieser schickt das betroffene Stück zu Märklin – dort holen wir es ab oder Märklin bringt es zu uns – wir erstellen einen Kostenvoranschlag und geben diesen an Märklin – Märklin wendet sich an den Händler mit dem Voranschlag – der Händler gibt diesen an den Kunden weiter – dieser entscheidet – der Händler gibt die Entscheidung an Märklin – Märklin reicht sie an uns weiter – gegebenenfalls führen wir die Arbeiten durch – das restaurierte Stück geht zurück an Märklin – Märklin gibt es an seinen Händlerkunden weiter – der Händler gibt es an seinen Kunden zurück – dieser freut sich (hoffentlich) daran. Die Länge dieser Ereigniskette zeigt, dass zwischen dem ersten und dem letzten Schritt mitunter eine lange Zeit verstrich. So manches Mal wurde die Geduld des Endkunden so auf eine harte Probe gestellt, dabei freut sich dieser ja in der Regel auf sein fertiges Stück und in erwarteter Freude liegt eben oft auch ein wenig Ungeduld. So kamen wir mit Märklin Mitte der 1990er-Jahre überein, dass bei Märklin anfragende Kunden direkt an uns verwiesen werden, um die Verfahrensdauer abzukürzen. Diese Vereinbarung hat noch immer Gültigkeit.

Mit der Zeit wurden die Räumlichkeiten in der angemieteten Werkstatt immer enger, obwohl natürlich die Zahl der Quadratmeter konstant blieb. Nach rund einem Jahrzehnt beschlossen wir daher, ein Grundstück in einem neu erschlossenen Gewerbegebiet in unserem Heimatort zu erwerben. Im Jahr 1997 kam dann der Umzug. Das neue Gebäude war recht genau auf unsere Bedürfnisse zugeschnitten. Inzwischen wird es auch dort vom Raum her etwas knapp. Zum Glück ist aber das Grundstück hinreichend groß, um jederzeit erweitern zu können. Mal sehen, was die Zukunft bringt.

Zu allen Zeiten haben wir auf die Mithilfe externer Fachleute im Bereich Blecharbeiten und Werkzeugbau zurückgegriffen, die außer den dazu nötigen Fähigkeiten vor allem auch mit dem Thema Eisenbahnen verbunden waren.

Die beiden Mitarbeiter aus der Gründerzeit sind inzwischen im Ruhestand. Andere traten an deren Stelle. Da ist zunächst unser Herr Attig, ein gelernter Werkzeugmacher, der auch einen Mechaniker-Meisterbrief hat und damit natürlich hervorragende Voraussetzungen für unsere Tätigkeit mitbrachte. Seit einigen Jahren ist auch Andreas Meilke, ein gelernter Glaser und Fensterbauer, mit im Team. Beide bringen die notwendige Bedingung für das Schaffen bei uns mit: die Freude an der Beschäftigung mit altem Spielzeug. Beide sind Urschwaben, was mitunter auch leichte Verwirrung bei Kunden bewirken kann. Dazu ein kleines Beispiel.

Klaus Thieme mit gewohnt sicherer Hand

„Wir können alles. Außer Hochdeutsch". Dieser bekannte Slogan des Landes Baden-Württemberg trifft in besonderem Maß auf unseren Herrn Attig zu. Die Maschinen in unserer Firma bedient er wie ein guter Pianist sein Tastenfeld. Rechenformeln etwa zum Ermitteln von Schnittgeschwindigkeit und Vorschub bei den spanabhebenden Maschinen weiß er auswendig. In seinem allzeit bereit liegenden Tabellenbuch kennt er sich aus, wie eine schwäbische Hausfrau in der Sammlung ihrer Kochrezepte.

Allein mit dem Hochdeutsch hat Meister Attig so seine Probleme. Vor einiger Zeit habe ich ein Telefongespräch mitbekommen, das er mit einem Kunden geführt hat. Der Kunde hatte uns eine

Gernot Ritter bei der Restaurierung eines „Adler“

unten: Andreas Meilke an der Drehbank – für unser Foto ausnahmsweise mit offener Abdeckung

beschädigte Lokomotive zugesandt mit der Bitte um Begutachtung und gegebenenfalls um Instandsetzung. Darum ging es bei dem Gespräch. Meister Attig erklärte dem Kunden: „Des Lökle isch scheints amol na ghagelt.“ (Übersetzung: „Die Lokomotive ist offenbar mal auf den Boden gefallen“). Längeres Schweigen. Der Kunde am anderen Ende der Leitung hatte offenbar nur „Bahnhof“ verstanden, oder nicht einmal das. Dann versuchte Meister Attig die Informationsübermittlung erneut: „Die Lokomotive ist einmal auf den Boden gehagelt.“ Offenbar war der Kunde hinreichend sprachgewandt, denn er hatte die Sachlage jetzt wohl verstanden. Die beiden kamen überein, wir haben die Lok gerichtet und alle waren zufrieden.

Ein anderes Mal hat mir ein Kunde aus dem hohen Norden, mit dem wir seit Jahrzehnten in Verbindung und auch gut befreundet sind, berichtet, dass er durch den Kontakt zu uns inzwischen sogar in der Lage sei, Schwäbisch zu verstehen. Na bitte! Ein Bildungserfolg – so ganz nebenbei.

Endkontrolle
auf der Teststrecke

Aufbau der eigenen Sammlung

Der Antrieb für all unsere Tätigkeit in der Firma war immer die Freude an der Sache. Damit einher ging der Aufbau einer eigenen Sammlung. Längst war diese nicht mehr auf die Spur 00 (H0) beschränkt. Alle Spurweiten – bevorzugt von Märklin – waren im Programm, auch Dampfmaschinen und anderes Blechspielzeug gehörten dazu. Für unsere Tätigkeit beim Restaurieren war diese Sammlung von großem Nutzen, weil wir dadurch jeweils Vergleichsexemplare zur Verfügung hatten. Mancher Erwerb von Sammlungsstücken ist mit bleibenden Erinnerungen verbunden. Dazu nachfolgend einige Beispiele.

Die Brot-Lok

Im Frühjahr 1982 bekam ich einen Telefonanruf. Es meldete sich ein Herr, der mir erklärte, er habe gehört, dass ich mich für alte Modell-Eisenbahnen interessiere. Er habe eine solche von Märklin, die er gerne veräußern würde, weil er keine Verwendung für die Bahn mehr hätte. Ich weiß heute nicht mehr, woher er meine Telefon-Nummer hatte.

Er wohnte in der Nähe von Ansbach in Bayern. Das lag zwar nicht gerade „um die Ecke", aber nahe bei Ansbach gibt es einen kleinen Flugplatz. Wir kamen bei dem Gespräch überein, dass ich ihn mal mit dem Flugzeug besuchen könne und er mich dann am Flugplatz Ansbach abholt.

Am frühen Nachmittag des 7. Juli 1982 flog ich dann vom Flughafen Stuttgart aus mit unserer Cessna nach Ansbach. Es war ein sehr schöner sonniger Tag. Schon der Flug nach Ansbach war die reine Freude. Im Anflug dort sah ich einen Herrn am Rande des Flugfeldes stehen, der auf mich wartete. Er war mit einem älteren VW Käfer gekommen, Herr und Wagen machten einen sehr gepflegten Eindruck. Der Käfer war ein Exemplar aus später Fertigung, mit großem Heckfenster und 34 PS-Motor.

Die Fahrt zu dem Herrn nach Hause dauerte nur etwa 20 Minuten. Dort erwartete uns bereits die Dame des Hauses. Diese hatte – eigens wegen meines Besuchs – einen sehr leckeren Apfelkuchen gebacken, von dem wir alle drei jeweils ein Stück zu einer Tasse guten Kaffees verzehrten. Der Wohnraum und dessen Einrichtung machten einen sehr gediegenen und gepflegten Eindruck.

Im Anschluss an den Kaffee- und Kuchengenuss kamen wir zum Thema Eisenbahn. Dazu holte seine Frau einen großen Pappkarton aus dem Schlafzimmer, der dort – so sagte man mir – seit vielen Jahren schon unter den Betten verstaut war. Aus diesem Pappkarton holte der Herr des Hauses zunächst eine stattliche Lokomotive mit Tender. Es war ein von Märklin in dieser Version 1935 auf den Markt gebrachtes Modell einer französischen Dampflokomotive mit der Achsfolge 2'D1' und zugehörigem 4-achsigen Tender in der Spurgröße 0 für elektrischen Betrieb mit dem 20-Volt-System. Die Katalogbezeichnung von Märklin war „ME 66/12920". Ein wirklich stattliches Modell mit einer Länge über Puffer von 59 cm in hellgrauer Farbgebung der Aufbauten von Lok und Tender mit schwarz lackiertem Fahrwerk. Die Farben entsprachen wohl dem französischen Vorbild, daneben hatte Märklin die gleiche Lokomotive auch in schwarzer Farbe mit roten Rädern angeboten. Dies entsprach wohl einer „Germanisierung" des Modells, denn in den 1930er-Jahren waren die Dampflokomotiven der Deutschen Reichsbahn allesamt oben schwarz und unten rot lackiert.

Beim vorliegenden Modell handelte es sich – wie gesagt – um die hellgraue Version. Und jetzt begann der Eigentümer zu erzählen. Für die Eisenbahn habe er sich schon immer interessiert und eine Modellbahnanlage sei bereits seit langem schon sein Traum gewesen. Er habe sich als junger Soldat, damals in Belgien stationiert, in Brüssel im Jahre 1940 dieses Modell gekauft. Im Anschluss daran

Die „Brot“-Lok, eine stattliche „ME 66/12920“

auch noch einen 4-achsigen Personenwagen und ein Paar elektrisch zu betreibender Weichen. Zu mehr habe sein karger Soldatensold damals nicht gereicht. Bei dem Wagen handelte es sich um ein Stück mit der Märklin Katalognummer „19410J“, sehr gut zu der Lokomotive passend.

Weiter erzählte er, dass er die Absicht gehabt habe, nach dem Krieg eine Modellbahn-Anlage zu bauen und dazu dann auch passend weitere Wagen und Schienenmaterial zu erwerben. Nach dem Krieg seien aber ganz andere Probleme im Vordergrund gestanden und so seien die Lokomotive, der einzelne Wagen und das Paar elektrischer Weichen eben in dem Karton verschwunden und hätten unter den Betten geruht. Er sei jetzt deutlich über 70 Jahre alt und Enkel, mit denen zusammen die Anlagen-Idee spät verwirklicht werden könnte, seien leider auch nicht da. Also habe er sich entschlossen, die Stücke abzugeben.

Jetzt kam er zu seiner Preisvorstellung und dabei wurde es sehr mathematisch. Die Lokomotive habe damals 100 Reichsmark gekostet, ein Laib Brot hingegen den Betrag a. Heute (1982), so sprach er, kostet ein Laib Brot den Betrag b in DM. Jetzt müsse man b durch a dividieren und das Ergebnis dann mit 100 multiplizieren. Dann wisse man in etwa, was die Lokomotive heutzutage im Laden kosten würde. Er wusste die Zahlenwerte von a und b und hatte flugs das Ergebnis der Rechenoperation. Dieses wollte er für die Lokomotive haben. Ich glaube, in seinem früheren Leben war der Herr als Mathematiker tätig.

Ich schwieg ergriffen. Dieses Schweigen hat er wohl als Ablehnung aufgefasst, denn er legte sogleich nach: Man müsse bedenken, dass man einen Laib Brot in jedem Bäckerladen kaufen könne, solche Modellbahnstücke gäbe es heute aber nicht mehr im Angebot der Spielzeugläden. Dann brachte er die Inflation ins Gespräch. Wir würden in einer Zeit der ständigen Geldentwertung leben und das seit vielen Jahren schon. Zudem habe er den Wert der damaligen Reichsmark mit dem der heutigen D-Mark einfach gleichgesetzt. Darüber könne man auch noch näher nachdenken. Diese nicht unwesentlichen Sachverhalte habe er bei seiner Rechnung mir zum Vorteil überhaupt nicht berücksichtigt. Erwartungsvoll sah er mich an. Jetzt beeilte ich mich, ihm zu erklären, dass ich mit dem Ergebnis seiner Rechnung in vollem Umfang einverstanden sei. Die Kostenrechnung für den Wagen und das Weichenpaar erfolgte auf vergleichbare Weise. Nach dem Abschluss des Kaufs gab es eine weitere Tasse Kaffee und noch ein Stück vom leckeren Apfelkuchen. Dann brachte er mich und den Pappkarton samt Inhalt zum Flugplatz zurück. Beim Start winkte er mir (oder dem Pappkarton) noch lange nach. Der Rückflug nach Stuttgart war ohne Probleme, das Wetter war noch immer gut. Am frühen Abend landete ich dann in Stuttgart.

Bei der Fahrt vom Flughafen Stuttgart nach Hause fuhr ich noch bei einem Bäcker vorbei und kaufte einen frischen Laib Brot fürs Abendessen. Nach dem Essen stellte ich die neu erworbenen Stücke auf den Tisch. Elisabeth, die Kinder und ich hatten eine große Freude daran.

Die Lokomotive „ME“, um die es in dieser Geschichte geht, ist nicht in neuwertigem Zustand. Sie war wohl in der Zeit der Kriegs- und Nachkriegswirren über längere Zeit in feuchter Umgebung gelagert. Dadurch hatten sich in der Lackierung eine Art Stockflecken gebildet, die auf eine chemische Veränderung des Lacks zurückzuführen sind und sich jedenfalls nicht einfach wegpolieren lassen, eine etwas deftige „Patina“. Sie zeigt auch sonst Gebrauchsspuren, weil ihr ursprünglicher Eigentümer sie auf der Anlage eines Freundes öfter in Betrieb hatte. Sehr gut passen zum Jahr des Erwerbs der Lokomotive (1940) einige Ausstattungsmerkmale. So sind beispielsweise die Federpuffer an Lok und Tender aus Aluminium gefertigt und nicht aus Messing vernickelt, was der ursprünglichen Version entspricht.

Auch nahezu alle Teile der Steuerung sind ebenfalls aus Aluminium, nicht aus vernickeltem Messing gefertigt. Messing galt zu dieser Zeit als Mangelware und war für die Waffenproduktion vorbehalten. Auch Märklin war in diesem Sinne von der Reichsregierung eingebunden und hat seine Messingartikel gezwungenermaßen durch Aluminium ersetzt. Immerhin ist es Märklin auf diese Weise gelungen, die eigentliche Produktion, nämlich die von Spielbahnen, am Leben zu halten, Gott sei Dank. Diese „Brot-Lok“ ist ein Zeitzeuge.

Im Lauf der Folgejahre bekamen wir das eine oder andere „besser“ erhaltene Exemplar der hellgrauen „ME“ in Besitz, auch solche mit vernickelten Messingteilen, kamen jedoch niemals auf die Idee, die Lokomotive in der Sammlung auszutauschen. Die Geschichte der Lok und ihres Erwerbs gibt ihr für uns eine Art „innere Patina“, trotz der mangelhaften „äußeren Patina“ und sogar wegen der Aluminiumteile.

Diese „Brot-Lok“ stand uns Modell für unsere Replik-ME, diese allerdings nicht mit Aluminium-Teilen und die „Brot-Lok“ bleibt, wie sie ist.

Das Einzelstück mit Wagen und Originalkatalog O 19 aus der Montiererei

Das Einzelstück

Ungefähr um die gleiche Zeit bot uns eine Dame, die in der Nähe wohnte, eine Eisenbahn-Sammlung in der Spurgröße 1 von Märklin an. Auf dem Dachboden ihres Hauses waren auf einem Tisch etliche Lokomotiven und Wagen sauber aufgereiht. In zwei Kisten auf dem Fußboden lag umfangreiches Schienenmaterial. Schon beim ersten Blick fiel der ungewöhnlich gute Erhaltungszustand aller Teile auf.

Sie stammten aus den 1920er- bis 30er-Jahren. Die Lokomotiven waren passend für das 20-Volt-System, oder für dieses System umgebaut. Meine besondere Aufmerksamkeit fand eine 2-achsige hellbraun lackierte E-Lok, ein Modell, das mir bis dahin völlig unbekannt war. Darauf angesprochen, erzählte sie uns folgende Geschichte.

Ihr inzwischen verstorbener Mann arbeitete seit den frühen 1920er-Jahren bei der Firma Märklin. Zunächst war er dort in der „Montiererei" beschäftigt, später wechselte er dann in die „Mustermacherei". An der Stelle unterbrach die Dame das Gespräch und meinte, da müsse auch noch ein alter Katalog sein. In einem kleinen Schrank begann sie zu suchen und wurde auch fündig: ein „Hauptkatalog O 19" von Märklin.

Als ihr Sohn noch ein Kind war, so erzählte sie weiter, hatten sie auch eine große Anlage aufgebaut, mit der Vater und Sohn gemeinsam spielten. Diese Anlage hatten sie jedoch vor über 30 Jahren bereits abgebaut und die zugehörigen Teile waren seither verpackt. An Stelle der Spur-1-Anlage kam eine Anlage für die Spurgröße 00 (H0). Diese hatte der Sohn, als er später auszog, in sein neues Zuhause mitgenommen. An der Spur-1-Anlage hatte der Sohn offenbar kein Interesse, weshalb diese jetzt in „gute Hände" abgegeben werden sollte.

Wir wurden uns rasch des Handels einig und unsere eigene Sammlung war um einige schöne Stücke erweitert. Dabei war übrigens auch ein kurzer 4-achsiger Personenwagen, den wir bisher in keinem Katalog finden konnten.

Die Bombernacht-Dampfmaschine

Anfang der 1990er-Jahre bekamen wir von der Firma Märklin eine Information. Es hätte sich jemand beim Märklin Museum gemeldet und eine Dampfmaschine aus den 1930er-Jahren dort zum Kauf angeboten. Märklin selbst hätte aber kein Interesse, da das Museum bereits über eine derartige Dampfmaschine verfüge. Die Frage war, ob wir womöglich Interesse an dieser Dampfmaschine hätten. Diese stünde im Märklin Museum (damals noch in der Holzheimerstraße) und könne dort in Augenschein genommen werden.

Ich habe damals grundsätzlich Interesse an der Dampfmaschine erklärt und das betreffende Stück beim nächsten Besuch bei Märklin dann auch besichtigt. Die Maschine befand sich in einer originalen Holzkiste und war so vor einer der Museumsvitrinen zur Besichtigung bereitgestellt. Es handelte sich um ein Exemplar eines sog. „Dampf-Lokomobil stationär" mit der Katalog-Nr. 4159/94 mit einem Kesseldurchmesser von 11 cm. Zum ersten Mal vorgestellt hat Märklin diese wuchtige Maschine im „Nachtragskatalog I zu den Hauptkatalogen 0 und P 19" Anfang der 1920er-Jahre. Letztmalig erwähnt wird dieses Modell im Katalog von 1930 und war darin mit 500,- Reichsmark der teuerste Artikel.

Die Bezeichnung „Stationäres Lokomobil" wirkt zunächst widersprüchlich, denn „stationär" bedeutet „fest", „ortsunveränderlich", „mobil" dagegen „beweglich". Als „mobil" wurden damals Dampfmaschinen bezeichnet, bei denen das Treibteil nicht getrennt vom Dampfkessel, sondern auf diesem montiert war. Es gab solche „Mobile" auch auf Rädern, diese waren dann tatsächlich mobil, also beweglich. Die „Stationären Lokomobile" hingegen waren fest auf einer Grundplatte montiert.

An dem betroffenen Modell fielen sofort die roten Griffe an den Hähnen und die grün lackierte Bodenplatte auf. Diese Griffe an den Dampfmaschinen waren erst in der zweiten Hälfte der 1930er-Jahre aus durchgefärbtem rotem Kunststoff. Während der Produktionszeit des Lokomobils in den 1920er-Jahren waren diese Griffe aus schwarz lackiertem Holz gefertigt. Die Bodenplatten waren damals in dunklem grau lackiert. Die grüne Farbgebung passte jedoch wiederum zu den späten 1930er-Jahren. Am Kamin fiel auf, dass dieser etwa 10 cm höher war, als beim Serienmodell und dass er zwei vernickelte „Bauchbinden" hatte anstelle von nur einer. Eine Erklärung für all diese Besonderheiten ergab sich später bei einem Gespräch mit dem Eigentümer der Maschine. Davon wird gleich die Rede sein.

An der zum Kauf angebotenen Dampfmaschine hatte ich Interesse und Märklin stellte daraufhin den Kontakt zum Anbieter her. Mit diesem traf ich mich dann in der Folgezeit im Märklin Museum. Wir nahmen von dort die Dampfmaschine mit. In einem nahe gelegenen Restaurant bestellten wir uns jeweils ein Kännchen Kaffee. Dann begann er zu erzählen.

Sein Vater sei in den 1930er-Jahren in leitender Position einer Firma gewesen, die mit der Firma Märklin bereits seit dem 19. Jahrhundert sehr gute geschäftliche Beziehungen pflegte. Die imposante Dampfmaschine habe seinem Vater sehr gefallen und er habe diese dann im Jahr 1938 von der Firma Märklin als Geschenk erhalten. Diese Erklärung passte hervorragend zu den oben erwähnten Besonderheiten am vorliegenden Modell. Es dürfte sich vermutlich um eines der letzte Exemplare einer 4159/94 handeln, das das Märklin Werk verlassen hat – zu Weihnachten 1938.

Dann fuhr er mit dem Erzählen fort. Während des 2. Weltkrieges lebte er mit seinen Eltern in einer mittelgroßen Stadt in Süddeutschland. Wegen drohender Luftangriffe durch die Alliierten gab es für die Wohnhäuser ein Verdunkelungsgebot. Mitunter sei auch der elektrische Strom ausgefallen. Sein Vater hatte daher sämtliche Räume der Wohnung mit sog. Telefonkabeln versehen und jeweils mit kleinen Lämpchen für Taschenlampen bestückt. Dann hat er die Dampfmaschine angeworfen, deren Generator die Lämpchen dann mit Strom versorgten. So konnten sie sich in allen Räumen trotz der Verdunkelung zurechtfinden.

Die Bombernacht-Dampfmaschine mit grüner Bodenplatte, roten Kunststoffgriffen und hohem Kamin

Vorher

Nachher

Detailansicht der Kesselrückseite

Besonders eindrucksvoll schilderte er eine Nacht im Dezember 1944. Da heulten plötzlich die Luftschutzsirenen, das Licht fiel aus, sein Vater warf die Dampfmaschine an. Dann hörte man auch schon das Brummen des anfliegenden Bomberverbandes. In Angst und Hektik eilte er mit seinen Eltern in den Luftschutzkeller, wo schon dicht gedrängt die Nachbarn saßen. Dann kam der schreckliche Lärm krepierender Bomben. Als gerade mal 10-Jähriger zitterte er am ganzen Leib. Das entsetzliche Ereignis hatte sich wohl unauslöschlich in sein Gedächtnis eingebrannt.

Plötzlich sei es dann ganz still geworden, unwirklich still. Mit Vorsicht und Bangen kehrten sie nach einer kleinen Weile in die Wohnung zurück. Zum Glück hatte wohl keine der Bomben ihr Haus getroffen. In der Wohnung lief die Dampfmaschine noch immer und die Räume lagen im schwachen Licht der Lämpchen.

Der Tank für den Brennspiritus der Maschine fasst mehr als einen halben Liter und die Maschine verfügt über eine Speisewasserpumpe, die für Wassernachschub sorgt. Damit ist eine beachtliche Betriebszeit möglich.

Nach dieser Schilderung saßen wir uns in dem Restaurant in Göppingen eine ganze Weile in Gedanken versunken gegenüber und schwiegen uns an. Zu mächtig waren auch für mich die Erinnerungen an die entsetzliche Zeit. Als kleines Kind hatte ich ähnliches in Stuttgart selbst erlebt. Mitten in der Nacht Sirenenalarm, Bomberpulk, Luftschutzkeller, Bomben, Zerstörung, Ruinen. Solch schlimme Begriffe sind mir noch immer lebhaft in Erinnerung.

Nach einer kleinen Weile kehrten wir in die Gegenwart zurück. Wir bestellten noch jeweils eine Tasse Kaffee und wurden uns dann des Handels bezüglich

Die nach Vorbild unserer Bombernacht-Dampfmaschine angefertigten Gussteile der 4159/94.

der Dampfmaschine einig. Wir verließen das Restaurant und die Dampfmaschine wechselte den Kofferraum.

Zurück in unserer Werkstatt habe ich die Maschine dort in der Folgezeit lediglich gründlich gereinigt und die Betriebsfähigkeit wieder hergestellt. Sie hat noch immer die eigentlich „falschen" roten Griffhebel aus durchgefärbtem Kunststoff, die grüne Bodenplatte und den hohen Kamin. Die Bombernacht-Dampfmaschine bleibt, wie sie ist.

Schon bald nach deren Erwerb erwies sich das Lokomobil übrigens als sehr hilfreich. Ein Kunde kam auf uns zu. Er hatte auf einer Fachauktion eine 4159/94 erworben. Diese Maschine war allerdings sehr unvollständig. Vor allem fehlten die Bodenplatte und einige der gegossenen Trittstege, die oben seitlich am Kessel angebracht sind. Auch die ebenfalls gegossene Abdeckung der Kurbelwelle fehlte. Die Bodenplatte fertigten wir nach unserem Muster an und auch die fehlenden Gussteile haben wir ersetzt.

Unsere Tätigkeit und der Aufbau der Sammlung macht noch immer Freude. An dieser Freude nahm auch meine Frau immer Anteil. Wäre das nicht so gewesen, gäbe es die Firma „Ritter Restaurationen" vermutlich nicht. Dass dies keine Selbstverständlichkeit ist, habe ich vor vielen Jahren auf einer Fachauktion erfahren. Ich saß neben einem Bieter, der sich rege an der Versteigerung beteiligte. Da kam auch eine „HR" von Märklin in der Spurgröße 0 zum Aufruf. Diese ersteigerte er mit einem Zuschlag von DM 1500,-. Ich beobachte, wie er anschließend die Zahl 150 auf einem Zettel notierte. Von mir darauf aufmerksam gemacht, dass er da wohl eine Null vergessen habe, erklärte er mir, seine Frau sei sehr dagegen, dass er für dieses Hobby Geld ausgäbe. Dabei spiele das Geld eigentlich keine Rolle. Ziemlich wörtlich meinte er, davon habe er mehr, als er in diesem Leben noch ausgeben könne. Aber Ärger mit seiner Frau wolle er unbedingt vermeiden. Wenn er jetzt 150 anstelle von 1500 notiere, könne er mit diesem „Nachweis" gegenüber seiner Gattin bestehen. Das sei taktisch klug, erklärte er mir – aha!

Der betroffene Herr wurde übrigens Kunde von uns und bei einem Besuch bei ihm zu Hause konnte ich selbst erfahren, wie, sagen wir mal „distanziert", die Gattin der Liebhaberei Eisenbahn gegenüberstand. Wenige Jahre später verstarb dieser Kunde, ein Schicksal, das uns ja allen einmal droht. Seine Witwe aber bot nur kurze Zeit später die Sammlung im Anzeigenteil einer Tageszeitung an. Die zugehörigen Preise wusste sie ja anhand der Kauflisten ihres verstorbenen Mannes. Sie war freudig erstaunt, wie rasch sie alle Stücke los war. Ich habe mich damals an keinem dieser Käufe beteiligt und die Dame auch nicht „aufgeklärt". So kann's gehen.

Weitere Entwicklung

Unsere Kinder hatten übrigens auch Anteil an der Freude bei der Beschäftigung mit der Eisenbahn, ein jedes auf seine Weise. Vor allem für unseren Sohn Elmar hatte dies Folgen. Nach dem Abitur hatte er beschlossen, Jura zu studieren. Noch während des Studiums reifte bei ihm der Entschluss, er könne die Firma später übernehmen. Damit waren wir natürlich einverstanden.

Einige Zeit später lud er uns zu seiner Examensfeier ein und einer Beschäftigung in der Firma stand nichts mehr entgegen. Einige Jahre war er dort zunächst als Mitarbeiter tätig. Im Jahr 2012 erfolgte offiziell die Übergabe der Firma an Elmar und seither stehen die Geschäfte unter seiner Leitung.

Aber lassen wir ihn dazu selbst zu Wort kommen ...

Schlüsselerlebnis

Im Schuljahr 1981/1982 besuchte ich die dritte Klasse der Grundschule in Nürtingen-Raidwangen. Im Unterrichtsfach Sachkunde wurde uns neben allerlei anderen wissens- und weniger wissenswerten Dingen beigebracht, dass nach dem Abschluss einer weiterführenden Schule, damals also noch in ferner Zukunft, die Entscheidung einer Berufswahl auf uns zukäme.

In dieser Unterrichtsstunde, die für mich zu einem Schlüsselerlebnis wurde, ging es unserer Lehrerin nicht um konkrete Berufe, sondern darum, dass es im Grundsatz zwei Möglichkeiten der Gestaltung des Berufslebens gibt: Als abhängig beschäftigter Arbeitnehmer, der das zu tun hat, was ihm vorgegeben wird. Dafür bekomme der Arbeitnehmer jeden Monat ein festes Geld und müsse sich keine weiteren Sorgen machen. Die zweite Möglichkeit sei als selbstständiger Unternehmer Geld zu verdienen. Dieser habe zwar ein großes Risiko zu tragen, sei aber, und das hat sich bei mir tief eingeprägt, unabhängig und frei in seinen Entscheidungen. Vom erwirtschafteten Gewinn könne er dann einerseits sein Leben bestreiten und müsse andererseits aber auch, wenn er klug sei, einen Teil wieder investieren, damit er weiterhin Geld verdienen könne. Das hat mich tief beeindruckt und mir war von dieser Stunde an klar, dass ich mir ausschließlich eine berufliche Laufbahn als selbstständiger Unternehmer vorstellen kann.

Natürlich hatte ich als Neunjähriger keine Ahnung, wie mein späterer beruflicher Werdegang aussehen sollte, das wäre ja auch ein wenig zu viel verlangt. Aber zumindest war mir bewusst, dass ich mir ein Leben als abhängig Beschäftigter niemals vorstellen konnte. Wohin die Reise tatsächlich gehen sollte, zeigte sich erst viele Jahre später.

Elmar Ritter vor der Vitrine mit Replika im Besucherempfang der Firma

„CER 4020“
vor und nach der
Restaurierung

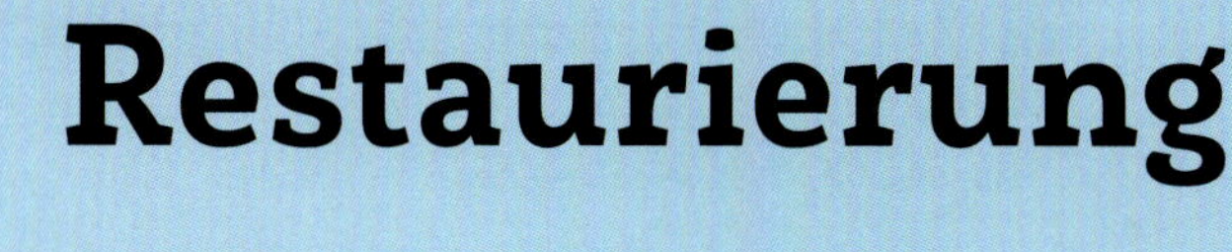

KAPITEL 5

Restaurierung

1896 A Schienenwagen vor und nach der Restaurierung

Im Wortsinn bedeutet restaurieren, „den ursprünglichen Zustand eines Objekts wieder herstellen". So verstehen wir unsere Tätigkeit. Eine Voraussetzung der Restaurierung ist die Restaurierbarkeit. Ein völlig durchgerostetes Gehäusefragment einer Lokomotive ist kaum mehr restaurierbar. Ferner ist in jedem Einzelfall zu prüfen, ob es einer Restaurierung überhaupt bedarf. Was diese Frage betrifft, gehen die Ansichten sehr weit auseinander. Hauptsächlich in Fragen der Lackierung.

Uns wurden schon Lokmodelle vorgelegt, denen im Lauf einer bewegten Geschichte bereits mehr als die Hälfte der ursprünglichen Lackierung abhandengekommen war. Der klägliche Rest aber war original und sollte daher nach Wunsch des Kunden unbedingt so belassen werden. Natürlich gehören auch Spuren des Gebrauchs zur Geschichte eines jeden Stückes und sind insofern bis zu einem gewissen Grad auch erhaltungswürdig. Wo genau die Grenze liegt, muss letztlich jeder für sich entscheiden.

Auch das andere Extrem kommt zuweilen vor. So wollte vor Jahren ein Kunde die farbliche Erneuerung seines Triebwagens „ST 800" in der Spur 00 (H0). Das Exemplar wies nur geringe Lackschäden auf. Eine Neulackierung war aus unserer Sicht nicht erforderlich. Doch der Kunde erklärte uns, der Triebwagen solle in einer Vitrine ausgestellt werden, die sich in seinem Wohnzimmer befand und da kämen nur makellose Stücke in Frage. Na ja, ein jeder nach seinem Geschmack. In seltenen Fällen haben wir Restaurierungsanliegen auch schon mal abgelehnt, weil eine Neulackierung unserer Ansicht nach schon beinahe an „Kulturschande" gegrenzt hätte.

In diesem Zusammenhang ist auch der Wert eines Stückes zu beachten. Unbenommen kommt einem tadellos erhaltenen Exemplar im Ursprungszustand der höchste Wert zu. Es folgen diejenige mit „erträglichen" Gebrauchs- und Altersspuren. Genau hier scheiden sich die Geister. Irgendwann sind jedoch Grenzen erreicht von der Art, dass der Wert eines Sammlerstücks durch eine fachgerechte Restaurierung zunimmt. Bevor Märklin Kunden, die nach einer Restaurierung fragten, direkt an uns verwiesen hat, gaben wir im Kostenvoranschlag stets auch den Schätzwert vor und nach der Restaurierung an. Der Wert nachher sollte im Regelfall größer sein, als die Summe des Wertes vorher und der Kosten für die Restaurierung, jedenfalls im Allgemeinen.

Vor vielen Jahren brachte uns ein Kunde ein recht „bespieltes" Exemplar einer V 200 (Katalog Nr. 3021). Solche Diesellokomotiven sind in sehr gutem Zustand auf dem Gebrauchtmarkt erhältlich zu einem Preis unterhalb der zu erwartenden Kosten für die Neulackierung und die technische Instandsetzung. Darauf aufmerksam gemacht meinte der Kunde, das könne ja sein, aber genau dieses Exemplar hätte er 1957 von seinen Eltern geschenkt bekommen. Er wünschte, dass diese Lok wieder in den Zustand von damals gebracht würde. Solche persönlichen Wünsche sind natürlich zu akzeptieren, sie lassen sich auch kaum in Euro bewerten.

Es gibt aber auch Fälle, bei denen sich langes Diskutieren, ob oder ob nicht Hand angelegt werden solle, erübrigt. Etwa dann, wenn das betroffene Exemplar irgendwann einmal falsch lackiert wurde. Als Beispiel für einen solchen Fall sei hier eine Zahnradlok der Spurgröße 0 genannt. Diese war nicht nur völlig übermalt, es fehlten auch das Dach und einige Kleinteile. Die Entscheidung für die Restaurierung fiel nicht schwer.

In den 1990er-Jahren brachte uns ein Kunde aus Rom vier Wagen der Serie 1941 bis 1945 der Spur 0, auch als „40-cm-Wagen" bekannt. Alle vier hatten durch einen Wasserschaden kräftig gelitten. Zum Glück war der Blechkorpus des Wagens nicht beschädigt und er konnte durch Neulackierung gerettet werden. Mechanische Blechschäden hatten die Wagen nicht. Auch in diesen Fällen fiel die Entscheidung für eine Neulackierung leicht.

Vor allem sehr alte Stücke erfahren im Lauf der Jahrzehnte eine Veränderung der Oberfläche, die unter der Bezeichnung „Patina" bekannt ist. Diese wird bewirkt durch die Ablagerung von Partikeln in der Luft, die mit dem Lack auch chemisch reagieren können. Die Patina ist schützenswert, gibt sie dem betroffenen Stück doch das nostalgische Aussehen. Es gibt auch hier Grenzfälle. Einmal bekamen wir einen Triebwagen „DT 800" (Spur 00 (H0)) in der Farbgebung creme/rot zur Neulackierung. Der Lack wies keine nennenswerten Beschädigungen auf, doch die Farbe creme erschien deutlich hellbraun. Das gute Stück war jahrelang starkem Tabakrauch ausgesetzt. Es lässt sich trefflich streiten, ob solche Art Patina bewahrenswert ist.

oben: Phantasievoll überlackierter „ST 800“ vor der Restaurierung

Mitte: Nach Entfernung der Farbe

Rechts: Blick auf die Antriebsteile

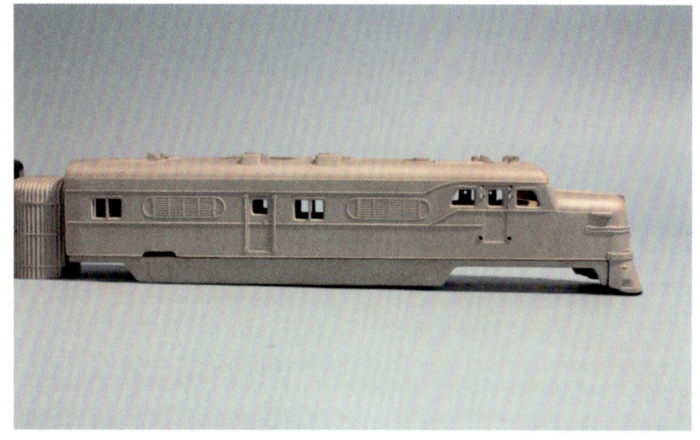

Nach der Grundlackierung

Restaurierte „ST 800“ in den drei von Märklin angebotenen Farbvarianten

Die „D 1022“ wartet auf Rissbildung

In erweitertem Sinn kann auch die Rissbildung im Decklack alter Sammlerstücke zur Patina gerechnet werden. Neben anderen Ursachen spielen für die Rissbildung atmosphärische Bedingungen eine wesentliche Rolle. Vor Jahren schickte uns ein Kunde aus Brasilien Lokomotiven und Wagen, die aus den 1910er- bis 20er-Jahren stammten. Er hatte diese von seinen Eltern geerbt, die nach dort ausgewandert waren und die Eisenbahn damals mitnahmen. Der neue Wohnort lag in den Tropen mit entsprechendem Klima: hohe Temperaturen ganzjährig und hohe Luftfeuchtigkeit. Die Rissbildung im Decklack war extrem. Die Risse waren zum Teil bis zu 2 mm breit.

Auch andere Faktoren tragen zur Rissbildung bei. Schon in den frühen 1980er-Jahren haben wir uns eingehend mit deren Ursachen beschäftigt. Als wesentlich stellte sich die chemische Beschaffenheit von Lack und Farbpigmenten heraus, vor allem die des Decklacks. Wir sind inzwischen in der Lage, solche Rissbildung innerhalb von Wochen oder Monaten herbeizuführen. Davon wird im nächsten Kapitel ausführlich die Rede sein.

Daneben gibt es noch eine Art „innerer Patina“. Damit sind jeweils die Geschichten gemeint, die mit manchen Stücken verbunden sind und diese nicht austauschbar machen. Dazu einige Beispiele.

Postwagen vor und nach der Teilrestaurierung

Schlafwagen vor der Restaurierung

Schlafwagen nach der Restaurierung

Ecktunnel Spur 00 (H0) vor und nach der Teilrestaurierung

VW Bus 8014 vor und nach der Restauration

„ST 800“ Motorteil vor und nach der Teilrestaurierung

Gut Ding will Weile haben

Um das Jahr 1980 brachte mir ein Auktionator, der sich auf altes Blechspielzeug spezialisiert hatte und mit dem ich gut befreundet bin, das Modell einer 2-achsigen Dampflokomotive in der Spurgröße 2 zur Begutachtung. Es handelte sich um eine Märklin „R 1022"

Die Lokomotive war vollständig mit einer schwarzen „Ölfarbe" übermalt, ziemlich dickschichtig, und der zugehörige Tender fehlte. In diesem Zustand könne er die Lok keinesfalls auf einer Auktion anbieten. Mit dem Einlieferer habe er aus diesem Grund auch einen freihändigen Verkauf außerhalb der Auktion vereinbart.

Das ehemals gute Stück stammte von Märklin und wurde um die Jahrhundertwende 1800/1900 im Katalog angeboten. Wir wurden uns des Handels einig und ich hatte eine Aufgabe. Mit großer Vorsicht habe ich in der Folgezeit den falschen Decklack an verschiedenen Stellen entfernt, um die ursprüngliche Lackierung freizulegen. Dabei zeigte sich, dass vom Hersteller auf eine farbige Grundlackierung ein farbloser Überzugslack aufgebracht war. Was waren das ursprünglich für Farben, woraus bestand der Überzugslack? Zur Restaurierung wollte ich nicht irgendwelche im Handel erhältlich Farben zurechtmischen, sondern möglichst die Farben haben, die von Märklin seinerzeit verwendet wurden.

Ich erinnerte mich an einen Studienfreund, der inzwischen in einem physikalischen Forschungslabor tätig war. Der hatte alle Möglichkeiten, die chemischen Strukturen der fraglichen Substanzen zu ermitteln. So geschah es dann auch. Die verschiedenen Farbpigmente der Grundlackierung rauszukriegen, war kein größeres Problem. Diese entpuppten sich u.a. als Oxide, Hydroxide und Karbonate. Schwieriger war es mit der Analyse des farblosen Decklacks. Da zogen wir einen anderen Studienfreund zu Rate, der sich auf Botanik spezialisiert hatte. Dieser erkannte ein exotisches Baumharz als Grundsubstanz des Decklacks.

Jeder Lack besteht aus einer solchen Grundsubstanz (in der Regel farblos) und einem passenden Lösungsmittel, das dann beim Trocknen nahezu vollständig verdunstet. Farbige Lacke enthalten zusätzlich sog. Pigmente, zumeist in sehr feinkörniger Struktur.

Jetzt galt es, die ermittelten Bestandteile der ursprünglichen Lackierung zu beschaffen. Bei den Farbpigmenten war das kein größeres Problem. Doch das Baumharz bereitete Schwierigkeiten. Es handelte sich um einen Baum, der nur in tropischem bzw. subtropischem Klima wuchs. Es dauerte einige Jahre, bis ich endlich das ersehnte Harz zur Verfügung hatte und nach Lösung in einem Gemisch reiner Alkohole verwendbar machen konnte.

Es war in den Sommerferien 1986, alle benötigten Substanzen waren beisammen und ich entfernte den Lack von der Lokomotive. Einige wenige Blechschäden wurden gerichtet, der Tender musste komplett angefertigt werden. Dann wurden Lok und Tender neu lackiert. Das Ergebnis war schon zufriedenstellend, doch sahen die Stücke eben ziemlich „neu" aus. Vergleichbare gut erhaltene Originale aus dieser Herstellungszeit wirkten nicht so frisch. Die restaurierte Lok sah vermutlich so aus, wie sie vor gut 80 Jahren ausgesehen hatte. Es fehlte die „Patina". Zu dieser gehören neben einer gewissen Vergilbung vor allem des Decklacks auch eine mehr oder weniger feine Rissbildung in eben diesem. Ich freute mich trotzdem am Ergebnis und stellte die Lok in die Sammlervitrine.

Das freudige Erstaunen kam erst viel später. Irgendwann nahm ich die Lok aus der Vitrine und siehe da – sie hatte Altersrisse. Aus meiner Sicht war sie jetzt perfekt. In den folgenden Jahren haben wir die Ursachen für diese Rissbildung im Decklack genauer untersucht. Welchen Einfluss haben die chemische Beschaffenheit des Decklacks, aber auch die des Grundlacks? Auch die Wirkung äußerer Faktoren, wie etwa Temperatur, Luftfeuchtigkeit und Sonnenlicht haben wir untersucht.

„R 1022“ restauriert
mit Rissen im Lack und
Nachbau-Tender

Die Baumhaus-Eisenbahn

In den späten 1980er-Jahren besuchte uns ein Kunde. Er kam aus Berlin und hatte zwei große Kisten mit Märklin Eisenbahnen der Spurgröße 0 im Kofferraum, die er uns zur Begutachtung hierlassen wollte. Er war zu einem Besuch hier in Süddeutschland unterwegs und wollte bei der Rückfahrt einige Tage später von uns den Befund bezüglich seiner Bahn anhören.

Bei einer Tasse Kaffee begann er zu erzählen. Zu Beginn des 2. Weltkrieges sei er gerade 9 Jahre alt gewesen. Die ersten Stücke seiner Eisenbahn habe er 1936 zu Weihnachten bekommen und dann jedes Jahr zur Erweiterung weitere dazu passende Teile von den Eltern und von seinem Onkel. Eine feste Anlage habe er nicht gehabt, wohl aber ein Freund, der nicht weit weg mitten in Berlin gewohnt habe. Immer wieder mal habe er ein oder zwei Lokomotiven und einige Wagen eingepackt und sei zu seinem Freund zum gemeinsamen Spielen gegangen.

Dann kam der Krieg. In den ersten Jahren habe er davon gar nicht so viel mitbekommen, nur eben, dass sein Vater und auch sein Onkel irgendwo im Kriegseinsatz waren. Er habe das gemeinsame Spielen mit der Eisenbahn in dieser Zeit sehr vermisst. Ganz schlimm sei es erst gegen Ende des Krieges geworden. Im Jahr 1944 sei eine Stabbrandbombe in den Dachstuhl des Hauses seines Freundes eingeschlagen und habe diesen in Brand gesetzt. Dort sei auch dessen Eisenbahn gelagert gewesen. Den Brand habe man zwar löschen können, aber die Eisenbahn war zerstört. Das war schlimm.

Seine Eltern hatten in der Nähe Berlins einen großen Garten. Auf dessen Gelände stand eine alte Eiche. Im Geäst dieser Eiche hatte er sich in einigen Metern Höhe schon vor Jahren ein Baumhaus (mit Bedachung!) errichtet. Nach der schlimmen Erfahrung, die sein Freund machen musste, habe er dann seine Märklin Bahn eingepackt und in mehreren Fahrten mit dem Fahrrad ins Baumhaus transportiert. Es sei auch sehr umständlich gewesen, die Stücke unbeschädigt dort hinauf zu transportieren. Aber schließlich war es geschafft. Alle Stücke hatte er sorgfältig in sog. Ölpapier gewickelt, damit sie einigermaßen geschützt waren.

Bald darauf sei es dann passiert. Eines Nachts heulten die Sirenen und seine Mutter eilte mit ihm in einen Luftschutzbunker, von wo sie zusammengekauert den fürchterlichen Lärm der detonierenden Bomben hörten. Nach dem Bombenangriff – noch in der Nacht – gingen sie zurück zum Haus. Dieses aber stand in hellen Flammen. Das Haus brannte vollständig aus und war nicht mehr bewohnbar. Seine Mutter und er hatten aber überlebt – im Luftschutzbunker. Die Eisenbahn auch – im Baumhaus.

Die Eisenbahn blieb im Baumhaus, noch für längere Zeit. Er und seine Mutter waren zu Verwandten in der Nähe „evakuiert“. Die Alltagssorgen verdrängten alle Gedanken an die Eisenbahn.

Erst nach längerer Zeit, der Vater war inzwischen aus der Kriegsgefangenschaft zurück, kam ihm die Eisenbahn wieder in den Sinn. Er holte sie aus dem Baumhaus, reinigte sie grob und verpackte sie erneut, um sie dann für viele Jahre auf dem jetzigen Dachstock zu lagern.

Inzwischen hatte er einen Enkelsohn und der sei jetzt im richtigen Alter, sich mit der Eisenbahn zu beschäftigen. Wir sollten uns die Stücke anschauen, was da noch zu machen sei. Wir schauten uns die Stücke an und waren sehr erstaunt über deren Zustand. Da waren zwar einige Rostspuren, doch hätte es schlimmer sein können – bei dieser Geschichte. Mit vertretbarem Aufwand führten wir die Restaurierung durch. Bei der Rückfahrt nach Berlin kam der Kunde nochmals vorbei und war begeistert über die rasche Wiederherstellung seiner alten Eisenbahn. Der Enkelsohn möge viel Freude daran haben!

Ein unglaubliches Gedächtnis

Im Frühherbst 1988 besuchte uns ein Kunde. Das Jahr ist uns so gut in Erinnerung, weil der Kunde kurz nach der Begrüßung erklärte, er sei 88 Jahre alt. Er war aus der Schweiz angereist, im eigenen PKW und ohne Begleitung. Mitgebracht hatte er zwei große Koffer mit Eisenbahnteilen von Märklin in der Spurgröße 1.

Diese stammten alle aus der „Uralt"-Zeit, also vor dem ersten Weltkrieg. Die Stücke in einem der beiden Koffer waren in bemerkenswert gutem Erhaltungszustand. Bei diesen Stücken ging es nur um geringfügige Reinigungsarbeiten. Bei einem 4-achsigen Personenwagen galt es, lediglich fachmännisch einen Fleck aus Kerzenwachs vom Dach zu beseitigen. Diese Arbeit wolle er nicht selbst besorgen, weil womöglich Spuren bleiben könnten. Er wusste noch genau, dass der Wachsfleck von einer tropfenden Christbaumkerze an Weihnachten 1912 stammte. Er erinnerte sich, welche seiner Tanten ihm den Wagen damals zum Geschenk gemacht hatte. Überhaupt wusste er noch genau, wer ihm wann welches Stück geschenkt hatte – unglaublich!

Die Eisenbahn-Teile im andern Koffer waren in erheblich schlechterem Zustand, stammten aber alle aus derselben Zeit. Sie waren deutlich „bespielt", an einigen Wagen fehlten die Puffer, an zweien auch das Dach, sie zeigten Blechschäden und verbogene Kupplungen. Der Herr bemerkte unser Erstaunen und erklärte, diese Stücke hätten seinem Bruder gehört – Gott habe ihn selig. Der aber sei ein rechter Rabauke gewesen. Er hätte als Kind die Bahn so rasen lassen, dass der Zug immer wieder aus der Kurve flog. Manchmal hätte der Bruder zwei Züge sogar absichtlich zusammenstoßen lassen und dabei seine helle Freude gehabt – unfassbar. Er selbst sei stets bemüht gewesen, seine eigene Bahn vor dem wilden Bruder zu schützen. Aber auch von den Stücken seines Bruders wusste er noch genau, wann dieser welches Teil von wem bekommen hatte.

Weiter erklärte uns der Kunde, er sei dabei, sein Erbe zu regeln, und die Eisenbahn solle in einem ordentlichen Zustand hinterlassen werden, deshalb sei er hier.

Die Arbeiten an seiner ureigenen Bahn erledigten wir sofort. Er konnte diese dann gleich wieder mit nach Hause nehmen. Die Stücke, die vom Bruder stammten, nahmen mehr Zeit in Anspruch. Diese erhielt er dann einige Zeit später auf dem Postweg zurück.

Auch das kann passieren

Eine HR 66/12920 stellt in einer Spur-0-Sammlung sicherlich ein Highlight dar, vor allem, wenn es sich um eine frühe Ausführung und zudem in der grünen Lackierung handelt. Dies gilt umso mehr, wenn das Stück auch noch aus der eigenen Kindheit stammt und somit neben dem nicht unerheblichen Sammlerwert auch noch einen nicht bezifferbaren ideellen Wert besitzt.

Mit einer solchen Lokomotive bepackt, besuchte uns Anfang dieses Jahrtausends ein Herr von etwa 70 Jahren. Das Highlight seiner Sammlung, das zudem auch seine wertvollste Märklin Jugenderinnerung darstellte, zeigte im Blechkleid die Blessuren jahrzehntelangen Spielbetriebs und auch die Technik bedurfte einer gründlichen Instandsetzung. Trotz des nicht unerheblichen Umfangs der Restauration, war die Entscheidung des Eigentümers zur Durchführung der Arbeiten schnell getroffen. Es war ihm ein Anliegen, das Stück wieder im alten Glanz erstrahlen zu lassen, um seine Kindheitserinnerungen noch einmal aufleben zu lassen, aber auch, um seinen Enkeln den Reiz und die Wertigkeit nostalgischer Märklin Bahnen nahezubringen. Schließlich sollte die Lokomotive irgendwann in deren Eigentum übergehen.

Voller Glück und sichtbar gerührt, nahm der stolze Eigentümer die frisch restaurierte Lokomotive nach Fertigstellung persönlich bei uns in Empfang. Nach einer ausgiebigen Probefahrt auf unserer Teststrecke nahm er seine Lokomotive sorgsam verpackt mit nach Hause. Er wollte eine kleine Anlage aufbauen, um sich mit seinen Enkeln an dem tollen Stück erfreuen zu können.

Man ahnt es vielleicht schon, irgendetwas musste passieren, damit diese bis hierhin nicht außergewöhnliche Geschichte Eingang in dieses Buch findet.

Nach etwa vier Wochen stand der Herr mit seiner Lokomotive unerwartet erneut bei uns – ein Häufchen Elend. Diese Beschreibung trifft wohl am ehesten auf ihn zu. Erkennbar den Tränen nahe, zeigte er uns die kürzlich noch so prachtvolle Schnellzuglokomotive, bzw. das, was noch davon übrig war. Die Lokomotive sei ihm, seine Enkel seien völlig unschuldig, das betonte er extra, auf der neuen Anlage entgleist und unglücklicherweise zu Boden gestürzt – einem Steinboden, fügte er hinzu. In der Aufregung sei sie ihm im Anschluss noch einmal aus den Händen gefallen. Beim Anblick der Lokomotive konnten wir ahnen, wie dem armen Menschen zu Mute gewesen sein muss. Die gesamte Front der Lokomotive war verbogen, der Rahmen gestaucht und verzogen und selbst das Führerhaus war stark deformiert. Am Tender waren die Schäden etwas geringer, aber auch dieser hatte durch den Sturz deutlichen Schaden genommen. Eine neuerliche Restauration war nicht möglich, bzw. wäre nur durch Neubau wesentlicher Teile der Lokomotive möglich gewesen.

Was aus der Lokomotive geworden ist, wissen wir nicht. Möglicherweise steht sie irgendwo an einem Ehrenplatz als Mahnmal großväterlicher Unachtsamkeit.

Die restaurierte „HR 66/12920“ in Olivgrün

Der gekenterte Raddampfer

In den späten 1990er-Jahren besuchte uns ein Kunde. Er stammte aus Köln, war dort geboren und aufgewachsen, lebte inzwischen aber als Rentner in Südfrankreich. Mitgebracht hatte er drei stattliche Schiffsmodelle aus Blech, hergestellt von Märklin. Er hatte diese in den 1920er-Jahren von seinen Eltern geschenkt bekommen. Allen drei Schiffen fehlten die Stützen zum Aufstellen. Diese sollten angefertigt werden, damit die Schiffe zu Hause dekorativ präsentiert werden konnten. Die drei Schiffe hatten jeweils einen Federwerk-Antrieb von erstaunlich langer Laufdauer, wie eine Überprüfung ergab.

Eines der Schiffe war ein stattlicher Ozean-Dampfer von rund 1 m Länge. Dieses Schiff war in bemerkenswert gutem Zustand. Das Anliegen war – neben der Herstellung der Stütze – das gute Stück in Augenschein zu nehmen und die Funktion zu prüfen. Gegebenenfalls sollten Reparaturen durchgeführt werden.

Beim zweiten Schiff handelte es sich um die Yacht „Jolanda“ in der Ausführung von ca. 74 cm Rumpflänge. In der Ausstattung des Decks fehlten einige Kleinteile, diese sollten nach Möglichkeit ersetzt werden. Märklin hat übrigens im Jahr 2009 eine Replik der „Jolanda“ auf den Markt gebracht. Zu der Zeit, in der diese Geschichte spielt, war das Replik noch nicht verfügbar.

Deutlich übler war das dritte Schiff erhalten. Dabei handelte es sich um einen Raddampfer mit dem Namen „Loreley“. Und dann begann er zu erzählen. In seiner Kinderzeit hatten die Eltern ein großes Wohnhaus in Köln. Der zugehörige Garten reichte direkt ans Rheinufer. An einem sonnigen Sommertag gab es im Garten Kaffee und Kuchen, eine Tante sei auch da gewesen und er selbst durfte mit dem Raddampfer am Rhein spielen. Das Ruder hatte er (das wusste er noch!) auf leichte Kurve gestellt, damit das Schiff wieder zum Ufer zurückkehrte. Doch dann geschah das Malheur. Ein Stück rheinabwärts verfing sich das Schiff im Ufergestrüpp und soff ab, ehe er noch zur Bergung hingeeilt war. Das war natürlich schlimm, das Schiff war weg und er selbst höchst unglücklich.

In den Tagen darauf beriet er sich mit einem Freund, der ein guter Schwimmer war und auch tauchen konnte, was man da tun könne. Doch brachten die Tauchversuche des Freundes leider keinen Erfolg, das Schiff war weg. Einige Zeit später unternahmen die beiden einen erneuten Bergungsversuch. Und siehe da, sie wurden fündig. Sie fanden das Schiff, allerdings ein gutes Stück von der Unglücksstelle entfernt weiter rheinabwärts.

Das Schiff hatte Schaden genommen. Er hat es dann gründlich getrocknet und auch gereinigt. Dann wurde es weggepackt und verbrachte die folgenden Jahrzehnte in dieser Art Versenkung. Jetzt aber war er mit dem Stück hier und fragte nach, was da noch zu machen sei. Neben einigen deutlichen Rostschäden fehlten auch einige Teile. Die Abdeckung des Schaufelrades war unvollständig, einige Beiboote fehlten und noch einige kleinere Teile.

Am Ozean-Dampfer und an der „Jolanda“ war nicht viel zu tun, aber die Restaurierung des Raddampfers, vor allem die Herstellung der Fehlteile dauerte etliche Zeit. Als der Kunde nach Abschluss der Arbeiten die drei Schiffe wieder an sich nahm, war er hochbeglückt. Jetzt sei dieser Teil seines Nachlasses wieder in würdigem Zustand und er selbst könne sich hoffentlich noch eine gute Zeit daran erfreuen. Das wünschen wir ihm auch!

oben: Märklin Schnelldampfer 5050/9, beschriftet „Rhein"
Mitte: Märklin Yacht 5064 „Jolanda"
unten: Märklin Raddampfer „Loreley", Märklin Nummer 5066/75

Schiff aus der Mülltonne

Im Herbst 1988 meldete sich per Telefon ein Kunde. Er habe ein schönes altes Modellschiff aus Blech, hergestellt von der Firma Märklin. Es sei jetzt allerdings so, dass das gute Stück in einem nicht sehr anschaulichen Zustand und darüber hinaus auch unvollständig sei. Wir kamen überein, dass er uns mit dem Schiff besuchen komme, um dann alles weitere zu besprechen.

Kurze Zeit später erschien er dann in unserer Werkstatt. Das Schiff hatte er dabei. Es war tatsächlich in einem etwas traurigen Zustand, vor allem aber unvollständig. Zum Beispiel fehlte der gesamte Aufbau, der als separates Teil aufgesetzt werden konnte. Spontane Abhilfe konnten wir nicht anbieten. Andererseits handelte es sich um ein sehr seltenes Stück, das jedenfalls einigen Nachdenkens wert war.

Dann erzählte er eine recht abenteuerliche Geschichte, wie er an das Schiff gekommen war. Vor einigen Jahren habe er zusammen mit seiner Frau einen Besuch in New York gemacht. Beim Schlendern dort seien sie an einer großen Mülltonne vorbeigekommen und aus der hätte der Bug des alten Märklin Schiffes herausgeschaut. Natürlich sei er gleich hingelaufen und hätte das Prachtstück geborgen. Vor Ort noch hätte er festgestellt, dass einige Teile fehlten. Darauf habe er in der Mülltonne zu wühlen begonnen. Seiner Frau sei das alles recht peinlich gewesen, doch er habe immerhin einige Teile noch gefunden, bloß halt den fehlenden Aufbau nicht. Immer tiefer sei er ins Innere der Tonne vorgedrungen, leider ohne weiteren Erfolg. Schließlich habe ihn seine Frau energisch an den Beinen aus der Tonne gezogen, leider ohne den Aufbau. Einige Passanten hätten auch schon merkwürdig geschaut und seine Frau hätte geraunt „jetzt bloß weg hier“. Am nächsten Tag sei er alleine nochmals zur Tonne gegangen, doch die war zwischenzeitlich geleert worden.

Märklin bot das betreffende Schiff etwa 1904 bis 1920 als „Panzerkreuzer 5104“ im Katalog an. Farbgebung und auch Beschriftung gab es in unterschiedlichen Varianten. Passenderweise trug das hier beschriebene Exemplar den Namen „New York“.

Er überließ uns das Schiff, damit wir uns um eine Restaurierung und die Vervollständigung kümmern konnten. Bezüglich der Fehlteile, vor allem des fehlenden Aufbaus standen wir vor einem echten Problem. Rückfragen bei befreundeten Sammlern, die uns womöglich ein Muster zur Verfügung stellen konnten, waren leider alle erfolglos. Zwar verfügen wir über eine recht vollständige Sammlung alter Märklin Kataloge, auch über Abbildungen des Schiffes in den Katalogen. Doch diese Abbildungen sind von der Qualität und der Größe her ungeeignet, um auf solcher Grundlage die Fehlteile herzustellen.

So vergingen die Jahre, immer in der Hoffnung, irgendwoher Muster der fehlenden Teile zu bekommen, die wir hätten nachbauen können. Es war ein Besuch in London, der uns schließlich weitergeholfen hat. Ein Besuch in der Buchhandlung „Dillons“ brachte uns voran. Beim Schmökern in den Bücherregalen dort fiel mir zufällig ein Buch in die Hände, in dem es auch um altes Blechspielzeug ging. „AN INTRODUCTION TO ANTIQUES“ war dessen Titel. Beim Blättern darin war ich plötzlich wie elektrisiert. War da doch tatsächlich eine ganzseitige Abbildung des Schiffes von tadelloser Qualität und auch noch in Farbe. Natürlich kaufte ich das Buch sofort.

Zurück in der Werkstatt machten wir uns gleich an die Auswertung des Buchfundes. Mein älterer Sohn Heiko, seines Zeichens Dipl.-Ing. in Maschinenbau, fertigte anhand der Abbildung saubere Konstruktionszeichnungen der fehlenden Teile und machte sich dann auch gleich an den praktischen Teil. Die Herstellung nahm dann schon noch einige Zeit in Anspruch. Die Lackierarbeiten erforderten auch noch ziemlichen Aufwand, da wir bestrebt waren, möglichst viel der Original-Lackierung des Schiffes zu bewahren. Nur der neu gefertigte Aufbau und einige weitere Teile wurden natürlich vollständig lackiert. Im Frühjahr 1994, nach gut 5 Jahren, konnte der Eigentümer sein wiederhergestelltes und jetzt auch vollständiges Stück endlich wieder an sich nehmen.

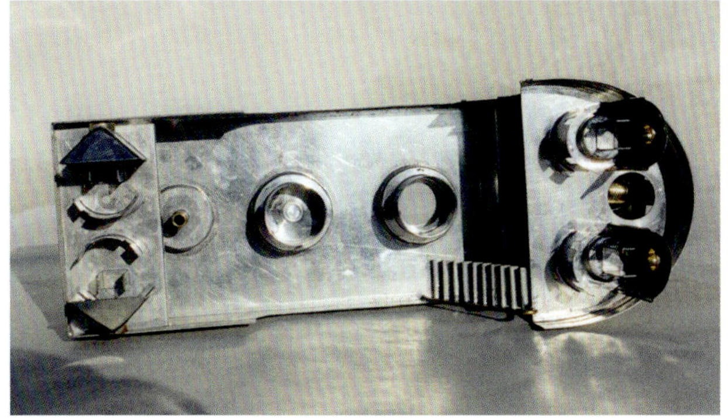

Nachbau des
fehlenden Aufbaus

Endlich gefunden:
Die „New York“ im
Buch „Heirloom.
An Introduction to
Antiques“

Die endlich wieder
vollständig intakte
„New York“

„Tante Ju“ im Altersheim

Im Katalog 1936/37 stellte Märklin ein Modell des Flugzeugs „Ju 52“ der Junkers Flugzeugwerke vor. Für Kenner ist dieses Flugzeug eine Art Luftfahrtlegende und auch unter dem liebevollen Namen „Tante Ju“ bekannt. Märklin bot die Maschine als „Flugzeug-Baukasten“ für 21,- Reichsmark in 3-motoriger Version an, die dem Vorbild entspricht. Wer weitere 3,- Reichsmark investierte, bekam dafür einen passenden Uhrwerkmotor, damit konnte man die Propeller zum Rotieren bringen. Für 15,- Reichsmark gab es den Baukasten auch in schlichterer, weil nur 1-motoriger Ausführung.

Der Rumpf, das Tragwerk und Teile des Leitwerks waren aus Blech. Die Nachbildung der Sternmotoren, die Propeller, Landeklappen, Querruder, Höhen- und Seitenruder, sowie die Seitenflosse waren aus Zinkdruckguss, ebenso die Fahrwerksverkleidung. Diese Teile aus Zink machen immer wieder einmal Probleme, denn sie neigen zur sog. „Zinkpest“, wodurch sie unbrauchbar werden. Von diesen Teilen haben wir daher Nachgüsse angefertigt.

Mitte der 1980er-Jahre besuchte uns ein Kunde. Er hatte eine montierte „Ju 52“ mit drei Motoren und mit Uhrwerkmotor bei sich. Das Modell war ausge-

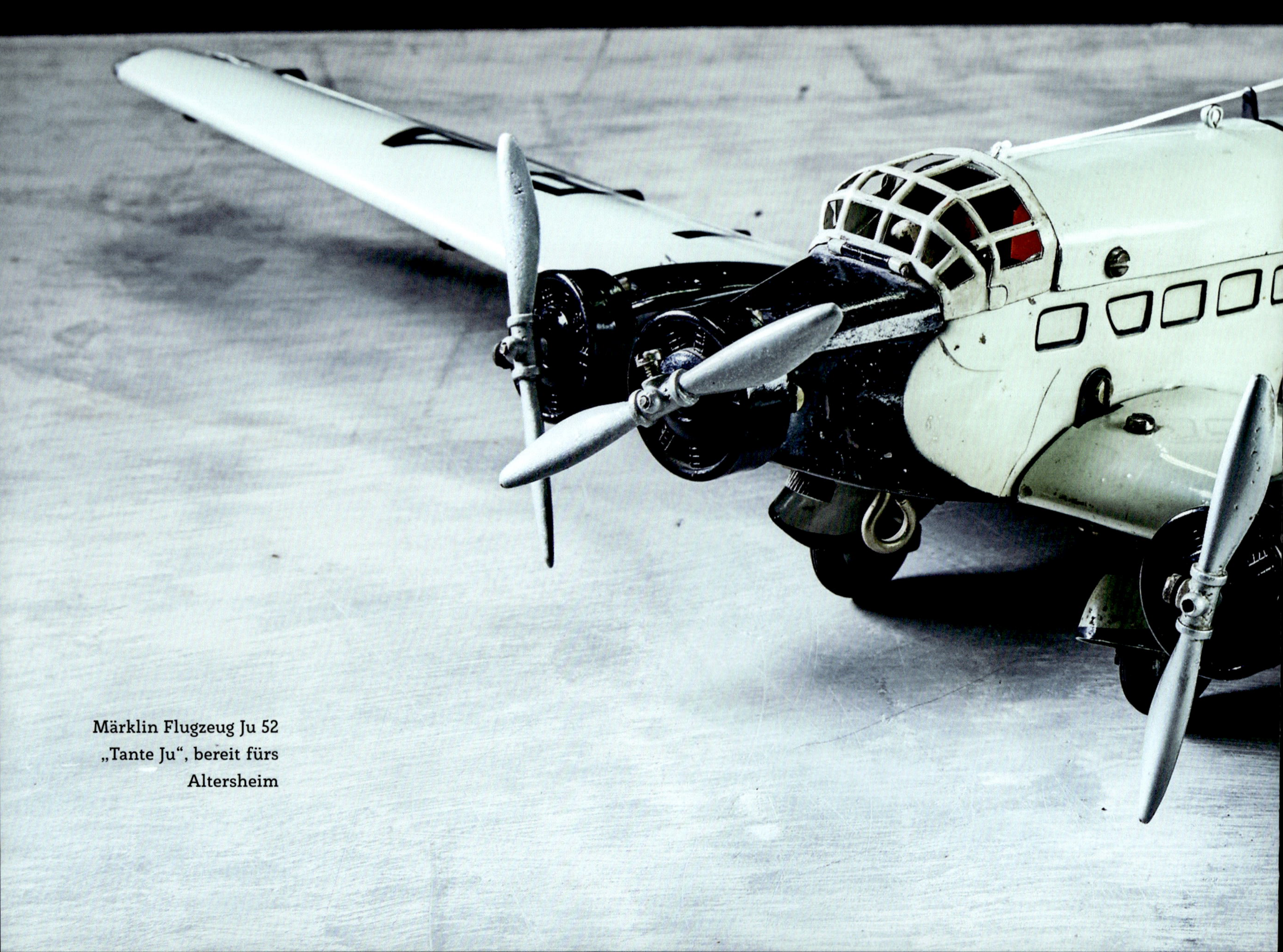

Märklin Flugzeug Ju 52 „Tante Ju“, bereit fürs Altersheim

zeichnet erhalten, doch viele der Zinkteile hatten Risse oder waren gebrochen. Einige davon fehlten ganz. Der Herr erzählte uns, dass er in den 1930er-Jahren die „Ju 52“ als Pilot selbst geflogen hatte. Daher hatte er sich auch dieses Modell gekauft. Aktuell stand für ihn ein Umzug ins Altersheim bevor und dorthin konnte er wohl nur wenige Teile aus seinem Hausstand mitnehmen. Die alte „Tante Ju“ müsse aber unbedingt dabei sein, von der wollte er sich nicht trennen. Sein Anliegen war, dass wir die fehlenden und defekten Teile ersetzen.

Gerne kamen wir diesem Wunsch nach und die „Tante Ju“ hing ab da im Altersheim an einer Schnur unter der Decke in seinem Zimmer.

Blick ins Ersatzteilregal

Ersatzteile

Räder für verschiedenste Lokomotiven

Mit der Zeit wurde der Umfang der Tätigkeiten neben den reinen Restaurierungsarbeiten immer größer. Es wuchs vor allem der Bedarf an Ersatzteilen ganz erheblich. Defekte und verschlissene Teile mussten ersetzt werden, aber woher nehmen? Sehr hilfreich war da die Zusammenarbeit mit der Firma Märklin. Von dort konnten wir eine stattliche Menge an Ersatzteilen aus früherer Fertigung beziehen, Teile, die nicht mehr in den damals aktuellen Ersatzteillisten genannt wurden. Im Wesentlichen beschränkte sich dies jedoch auf Teile der Spurgröße 00 (H0). Ersatzzeile für die Spurgröße 0 oder für andere Artikel als Eisenbahn waren nur noch in geringem Umfang oder gar nicht mehr verfügbar.

In der Anfangsphase unserer kleinen Firma konnten wir die Ersatzteilproblematik durch den Erwerb defekter Lokomotiven und Wagen, die uns dann als Ersatzteilspender dienten, lösen. Mit zunehmendem Umfang unserer Tätigkeit waren die Grenzen dieser Art der Teilebeschaffung aber bald erreicht: zum einen wurden auch die Ersatzteilspender am Markt immer teurer, zum anderen war es häufig so, dass die von uns benötigten Teile auch bei den am Markt erhältlichen Teilespendern nicht mehr zu gebrauchen waren. Also brauchten wir andere Lösungen. Naheliegend erschien es, sich in der Industrie nach geeigneten Lieferanten umzusehen und diese mit der Fertigung der von uns benötigten Artikel zu beauftragen.

Früh mussten wir aber feststellen, dass auch dieser Weg nur bedingt zum Ziel führte. Industriell gefertigte Teile benötigen hohe Stückzahlen, um die meist recht hohen Werkzeugkosten anteilig (pro gefertigtem Artikel) auf ein wirtschaftlich erträgliches Maß zu reduzieren. Um es konkret zu machen: Wenn ein Drehteil, wie z.B. ein Puffer, bei einer Auflage von 500.000 Stück zwar zu einem kaufmännisch vertretbaren Stückpreis hergestellt werden kann, der benötigte Jahresbedarf aber bei 1000 Stück liegt, so würde der Preis pro Stück selbst dann entschieden zu hoch, wenn die Gesamtkosten auf einen 10-Jahres-Bedarf umgerechnet werden. So blieb, um das Problem zu lösen, nur der Weg, möglichst viele der benötigten Teile selbst zu fertigen. Viele hierfür benötigte Maschinen konnten wir gebraucht erwerben, andere wiederum mussten wir neu anschaffen.

Für die Spurgröße 0 nahm beispielsweise der Bedarf an Zahnrädern für die Motoren ständig zu und wir sahen uns gezwungen, solche Zahnräder selbst herzustellen.

Dabei geht es um sog. Stirnräder, das sind außenverzahnte Kreisscheiben. Wichtige Kenngrößen sind unter anderem der Kopfkreis (Außendurchmesser), die Zahl der Zähne und das Modul. Letzteres ist definiert als Abstand zweier Zähne geteilt durch die Kreiszahl π, die Maßeinheit ist mm. Bei der Spurgröße 00 (H0) ist das Modul 0,4 mm, die Spurgröße 0 hat das Modul 0,6 mm. Dann ist da noch die Form der Zähne. Diese war bei den Lokomotiven von Märklin bis zum 2. Weltkrieg zykloidisch. Nach dem Krieg, bis heute, wurden evolventische Zahnformen verwendet. Auf die jeweilige Geometrie wird hier nicht näher eingegangen. Diese bestimmt das Abrollverhalten.

Zur Herstellung der Zahnräder verwendeten wir zunächst einen sog. Teilapparat. Dieser wird auf den Tisch einer Fräsmaschine gespannt und dann Zahn um Zahn einzeln gefräst. Ein sehr mühseliges Verfahren, vor allem bei größeren Zahnrädern mit vielen Zähnen.

Erheblich bequemer ist die Fertigung mittels einer Abwälzfräsmaschine. Mit einer solchen werden die Zahnräder in einem einzigen Arbeitsgang komplett gefertigt. Als Werkstück werden gebündelte Scheiben eingespannt, oder auch eine Stange, von der dann in einem weiteren Schritt die Zahnräder an der Drehmaschine abgestochen werden. Drei Bewegungen erfolgen gleichzeitig und sind streng aufeinander abgestimmt: das Werkstück rotiert, seitlich greift der Zahnformfräser und rotiert ebenfalls, schließlich bewegt sich noch der Schlitten, auf dem das Werkstück eingespannt ist, linear. Ein fabelhaftes Gerät, aber leider auch sündhaft teuer. Also

Meister Attig an der Abwälzfräsmaschine

Originalglühlampen aus Märklin Altbeständen

Auf die Details kommt es sehr wohl an: zykloidische (links) gegen evolventische (rechts) Verzahnung.

blieben wir beim Teilapparat und dann halt Zahn um Zahn.

Eines Tages bekamen wir einen Anruf von einem uns bekannten Maschinenhändler aus Stuttgart. Er bot uns eine gebrauchte, aber sehr gut erhaltene Abwälzfräsmaschine zu einem akzeptablen Preis an. Endlich hatten wir unsere Traummaschine zur Fertigung der Zahnräder. Jetzt sollten aber ganz perfekte Zahnräder entstehen. Dazu brauchten wir für die Spurgröße 0 unbedingt einen zykloidischen Formfräser. Der Unterschied zu evolventischen Zahnrädern ist sichtbar und das hat uns gestört. Es stellte sich heraus, dass die Firma Märklin bis in die 1970er-Jahre genau den Typ Abwälzfräsmaschinen in Verwendung hatte, wie wir jetzt auch. Also wurde ich dort vorstellig und trug mein Anliegen vor. „Kein Problem", meinte der dort für die Technik zuständige Mitarbeiter. Solche Fräser müssten noch da sein und die könne ich gerne haben. Also gingen wir zusammen in die Fräserei. Dort zog er gezielt mehrere Schubladen auf, aber ... die Fräser waren weg. Es war an einem Tag im Februar und im vergangenen Dezember hatte man dort „ausgemistet". Zwar nahm ich sofort Kontakt zu dem Altmetallhändler auf, der in die Entsorgung eingebunden war, aber es war leider zu spät, die Fräser waren weg und ich fuhr traurig nach Hause.

Die Herstellerfirma der Maschine gibt es noch. Also setzte ich einen netten Brief auf mit der Bitte, ob sie uns nicht einen Zykloidenfräser beschaffen könnten. Die Antwort kam postwendend. Mit meiner Bitte sei ich leider rund ein halbes Jahrhundert zu spät, solche Fräser seien heutzutage nicht mehr üblich.

Etwa zwei Wochen später kam ein Anruf vom Eigentümer der Herstellerfirma. Er habe im Papierkorb unser Schreiben entdeckt, weil im Briefkopf eine Lokomotive darauf abgebildet sei, die er zu Weihnachten 1948 von seinen Eltern als Geschenk bekommen habe. Dazu muss man wissen, dass unser Briefpapier die Abbildungen einer Reihe von Märklin Lokomotiven aus früher Nachkriegsproduktion ziert. Darunter auch die „CCS", das berühmte „Krokodil". Um eine solche Maschine handelte es sich. Das „Krokodil" des Anrufers sei leider defekt und ob wir da vielleicht etwas machen könnten. Ich meinte damals, er solle uns die Maschine zusenden, dann könnten wir seine Frage beantworten. Das wollte er aber nicht, das Stück sei ihm zu kostbar und er wolle persönlich vorbeikommen. So geschah es dann. Ich nahm sein „Krokodil" gründlich in Augenschein und meinte dann etwas listig, wir seien schon in der Lage, das gute Stück wieder zum Laufen zu bringen, andererseits müsse doch er in der Lage sein, uns einen Zykloidenfräser zu beschaffen. So kamen wir zu einem annehmbaren Preis an den ersehnten Fräser. Beim Abschied lobte er noch den guten Erhaltungszustand unserer Maschine, der sei fast besser als der der eigenen Maschine im Werksmuseum. Die Maschine tut noch immer brav ihre Dienste, der Fräser auch.

Viele der benötigten Ersatzteile sind Gussteile aus Metall. Dabei verwendete Märklin Legierungen aus Zinn, Blei und – vor allem für die Spur 00 (H0) – Zink. Auch Gussteile aus Messing kommen vor. Um solche Teile herzustellen, verfügen wir über mehrere kleine Gießanlagen, auch eine solche für Schleuderguss ist dabei. Wenn es um größere Stückzahlen, etwa bei Messing-Schleudergussteilen geht, lassen wir diese bei speziell dafür eingerichteten Firmen fertigen. Teile aus Zinkdruckguss, von denen außer größeren Stückzahlen auch ein hohes Maß an Genauigkeit gefragt ist (z.B. Räder), lassen wir ebenfalls von einer Firma herstellen, die über die dazu erforderliche Einrichtung verfügt.

Im Übrigen arbeiten wir, was den Ersatzteilbedarf vor allem für die Spurgröße 0 angeht, schon seit einigen Jahrzehnten sehr gut mit der Firma Blumhardt (Hehr) zusammen.

Im Laufe der Jahre haben wir so ein großes und umfangreiches Ersatzteillager aufgebaut. Neben der Verwendung bei Restaurationen haben wir bereits in den 1990er-Jahren beschlossen, unseren Kunden die Ersatzteile auch im direkten Verkauf anzubieten. Unser Online-Angebot umfasst in der Zwischenzeit mehrere Tausend verschiedene Ersatzteile.

Die restaurierte „CCS 800“ des Maschinenherstellers

Von uns restaurierter Stuttgarter Bahnhof 2039 G in der seltenen grauen Ausführung von 1947

KAPITEL 6

Replika

Kochlöffel als frühes Werkzeug der Blechbearbeitung

Der Drang, Spielzeug zu bauen oder nachzubauen, steckt schon sehr lange in mir. In den frühen Nachkriegsjahren waren Spielzeuge, sofern nicht noch aus der Vorkriegszeit vorhanden, sehr knapp. Im Kindergarten schnitzten wir aus weicher Baumrinde kleine Schiffsrümpfe, versahen diese mit einem Segel aus Papier, setzten die Schiffchen dann in eine Wanne voll Wasser und freuten uns daran, dass sie schwammen und nicht untergingen.

Vorgeschichte – Vom Kochlöffel zum Profiwerkzeug

Im Märklin Katalog von 1947, der nur für Händler, nicht aber für Endkunden verfügbar war, steht zu lesen:

„Die Produktion ist vorläufig noch für das Ausland bestimmt. Die durch den Export geschaffenen Mittel sollen die Einfuhr von Lebensmitteln fördern und mithelfen, die Not der Bevölkerung zu lindern."

Ein ehemaliger Märklin Mitarbeiter erzählte mir einst, dass früh nach dem Krieg Bauern aus dem Umland mit Handkarren Holz (zum Heizen) und Lebensmittel ins Werk gebracht und dort gegen Spielwaren getauscht hätten.

Zur Einschulung im Jahr 1948 schenkte mir mein Großvater einige Teile einer Märklin Eisenbahn in der Spurgröße 0. Eine 2-achsige Dampflok mit Federwerk und zugehörigem, ebenfalls 2-achsigem Tender. Auch die Wagen, die man an die Lok hängen konnte, waren alle 2-achsig: ein Personenwagen, ein Packwagen und ein Kippwagen mit roter Schütte, der nicht so recht zum Zug passen wollte, mir aber sehr gefiel. Dazu gab es noch ein Schienenoval und einen Schlüssel, um das Federwerk der Lok aufzuziehen. Alle Teile waren gebraucht und woher mein Opa diese hatte, weiß ich bis heute nicht. Was ich heute aber weiß, ist, dass all diese Teile aus den späten 1930er-Jahren stammten und bis 1954 in den Märklin Katalogen angeboten wurden. Es handelte sich also mit Sicherheit nicht um Opas eigenes Spielzeug aus seiner Kindheitszeit.

Mit dieser Eisenbahn habe ich in meinen Kindheitstagen ausgiebig gespielt. Besonders angetan hatte es mir der Kippwagen mit der roten Schütte. Solche Wagen kannte ich von Baustellen, von denen es zur Beseitigung der Kriegsschäden in jener Zeit in Stuttgart eine Menge gab, besonders auch beim Wagenburgtunnel in Stuttgart, der während der Bomberangriffe als Unterschlupf gedient hatte und am Stuttgarter Hauptbahnhof, der im Krieg kräftig Schaden genommen hatte. Die Kippwagen auf den Baustellen waren aber alle grau. Mein Roter gefiel mir wesentlich besser. Allerdings waren es immer mehrere solcher Kippwagen, die da auf den Baustellen im Einsatz waren. Ich aber hatte bloß einen einzelnen. Das störte mich sehr und ich dachte darüber nach, wie ich zu weiteren Kippwagen kommen könnte. Im Laden kaufen war ausgeschlossen, denn die hatten keine im Angebot und Geld dafür war auch nicht da. Man hatte ganz andere Sorgen.

Was tun? Man könnte ja probieren, solche Wagen selbst zu bauen – wie die Schiffchen im Kindergarten, aber eben nicht aus Baumrinde, sondern aus Blech. Nun muss man wissen, dass es zu jener Zeit für Kinder in der Stadt keine Spielplätze gab, so wie wir diese heute kennen. Unsere Spielplätze waren die Ruinen der Stadt und diese waren im Übermaß vorhanden. Diese Ruinen waren für uns Kinder wahre Schatzgruben, man konnte da unglaublich Vieles finden.

Prägewerkzeug zur Herstellung eines Daches des Stuttgarter Hauptbahnhofs

So fand ich eines Tages auf einem dieser Trümmerhaufen ein Stück Blech. Versonnen drehte ich es in den Händen herum, dann kam die zündende Idee: daraus ließ sich doch vielleicht ein Kippwagen fertigen, oder gleich mehrere! Gedacht – getan. In der Werkzeugschublade meines Vaters fand ich eine kleine Handblechschere. Damit schnitt ich aus dem Blechstück einige Rechtecke heraus. Aus diesen sollte die Schütte werden. Doch waren die Rechtecke nach dem Schnitt ziemlich verbogen. Dieses Problem konnte ich lösen, denn mein Vater verfügte auch über einen Schraubstock. Mit dessen Hilfe habe ich die Blechstücke dann planiert. Aber wie kriege ich jetzt die Biegung der Schüttenmulden sauber hin? Rumkramen in der Schublade meiner Mutter am Küchenherd brachte die Lösung. Da fand ich einen Kochlöffel aus Holz und dessen Griff hatte nach meinem Gutdünken genau die passende Rundung für die geplante Biegung. Jetzt schnell zum Schraubstock, dort den Kochlöffel eingespannt, die Mitte der Blechstücke mit einem Bleistift markieren und einfach um den Holzgriff herrumbiegen. Das Ergebnis entzückte mich.

Überhaupt nicht entzückt war meine Mutter, als sie ihren Kochlöffel im Schraubstock eingespannt entdeckte. Der Löffel war durch die Spannbacken des Schraubstocks ein wenig deformiert und meine Mutter aus diesem Grunde mit mir böse. Das konnte ich überhaupt nicht verstehen, denn die von mir gefertigten Biegungen waren doch perfekt. Wegen des deformierten Kochlöffels bekam ich einen hinter die Löffel – das war in jener Zeit pädagogischer Standard, Schäden hinterlassen hat es nicht. Aber ich zog mich beleidigt zurück.

Ich hätte wohl ohnehin nicht gewusst, wie es mit der „Replik“ des Kippwagens weitergehen sollte. Einen funktionstüchtigen Wagen hätte ich bestimmt nicht hingekriegt, aber das wurde mir erst viel später klar. Inzwischen kann ich auch den Ärger der Mutter verstehen.

Heute fertigen wir in unserer Firma eine ganze Reihe von Replika-Wagen aus früher Produktion von Märklin. Einige davon werden in diesem Kapitel gezeigt. Auch einzelne Ersatzteile für früher gefertigte Spielzeuge sind in unserem Programm. So bot Märklin von 1930 bis in die frühen 1950er-Jahre ein Modell des Stuttgarter Hauptbahnhofes an. Ein solches Modell hätte ich damals auch gerne gehabt für meine kleine Eisenbahn und für die geplanten Kippwagen mit roter Schütte. Aber daran war natürlich nicht zu denken. Bei den Glücklichen, die über ein solches Modell eines „Stuttgarter Bahnhofs“ verfügten, kamen im Laufe der Jahre öfter mal die Dächer abhanden. Diese waren nämlich nur lose aufgesetzt. Solche Ersatzdächer fertigen wir auch an. Zu deren Herstellung braucht es geeignete Werkzeuge, ein Kochlöffel tut’s da nicht.

Das „RR“-Logo der Firma „RITTER RESTAURATIONEN“

Bodenläufer

Um das Jahr 1985 meldete sich ein befreundeter Sammler telefonisch bei mir, der gerade eine Fachauktion in Belgien besuchte. Auf dem dortigen „Kofferraummarkt" hatte er eine Kiste mit unlackierten 2-achsigen Blechwagen entdeckt, die auch sonst unvollständig waren. Es fehlten u.a. die Dächer, die Kupplungen und Pufferbohlen waren auch nicht dran. Alle Wagen trugen aber das Märklin „Wappen" als Prägung, wie es in der „Uralt-Zeit" üblich war. Es handelte sich um Personenwagen, einige Postwagen waren auch dabei. In der Summe waren es ungefähr 50 Stück.

Ich bekundete grundsätzliches Interesse an diesem Angebot, bat meinen Freund aber um zusätzliche Informationen über die Herkunft dieser Wagen. Kurze Zeit später meldete er sich erneut und berichtete mir, was ihm der Anbieter inzwischen an Informationen gegeben hatte.

Dieser kam aus dem Großraum Paris und erzählte meinem Freund, dass ihm diese Wagenteile ein Verwandter nach Ende des Ersten Weltkrieges aus Deutschland mitgebracht habe. Seither würden die Teile nur rumliegen und deshalb böte er diese jetzt an. Wir wurden uns des Handels einig und mein Freund brachte mir die Wagenteile kurze Zeit später ins Haus.

Weil es sich um Wagen ohne Pufferbohlen handelte und weil Puffer, Kupplungen und Radsätze ohnehin fehlten, entschlossen wir uns, daraus Bodenläufer ohne Antrieb zu bauen. Wir wählten eine Ausführung, wie sie etwa im Katalog von 1909 von Märklin angeboten wurde. Die zugehörige Lok mit angebautem Tender und mit nur einer „Treibachse" bauten wir gemeinsam mit einem befreundeten Modellbauer passend als Replik nach. Das Vorbild stellte uns ein anderer befreundeter Sammler zur Verfügung. In diesem Kontingent an Wagen befanden sich auch zwei Blech-Aufbauten von Wagen mit den ungefähren Abmessungen Länge 95 mm, Breite 51 mm. Alles weitere Zubehör für diese Wagen fehlte, aber sie hatten ebenfalls die bekannte Märklin Prägung.

Das Aussehen dieser Wagen wirkte etwas „orientalisch". Wir konnten sie in keinem Märklin Katalog und auch sonst nicht finden und haben sie deshalb so unvollständig belassen.

Rohling eines unbekannten Wagenkastens

Der fertige Bodenläuferzug mit verschieden gestalteten Wagen

Der Durchbruch

Über die Jahre hinweg kam es immer wieder vor, dass uns unvollständige Lokomotiven zur Restaurierung und Ergänzung gebracht wurden. Mal fehlten die Windleitbleche, oder der Sanddom war abhandengekommen, oder der Führerstand war so kräftig beschädigt, dass er durch reine Blechnerarbeit nicht mehr zu retten war. Immer wieder mal wurde auch nach einem fehlenden Tender nachgefragt. Bei E-Loks fehlten ab und zu auch die abnehmbaren Dächer.

Im Folgenden beschränken wir uns auf die Spurgröße 0. Da hatten wir schließlich so viele Gehäuseteile bzw. die Werkzeuge zu deren Fertigung, dass der Schritt, eine komplette Replik zu bauen, nicht mehr sehr groß war. Die Entscheidung hierfür fiel Ende der 1980er-Jahre. Damals besuchte uns ein Kunde aus Barcelona. Er brachte eine ganze Reihe stattlicher Dampf-Lokomotiven von Märklin mit: eine „PLM“, eine „ME“ (beide nach französischen Vorbildern) und noch eine „AHR“ und eine „COMMODORE VANDERBILD“ (nach amerikanischen Vorbildern). Die Stücke hatte er von seinem Vater geerbt. Allerdings hatte der gute Papa all diese Lokomotiven kräftig „gesupert“. Viele Bohrungen waren an den Gehäusen angebracht und Zurüstteile montiert worden.

Die Änderungen waren so umfangreich, dass wir uns, in Absprache mit dem Kunden, entschlossen, einige Gehäuseteile zu ersetzen. Das war der Durchbruch. Nach Abschluss dieser Arbeiten war klar: wir fertigen jetzt auch vollständige Replika-Modelle. Für den Antrieb verwenden wir bei allen Replika-Lokomotiven die „70er-Schaltung“ mit Gleichrichter-Dioden. Dadurch werden die erwähnten möglichen Probleme (s. Kapitel „Antriebsarten“) des Fahrtrichtungswechsels der elektromechanischen Umschaltung vermieden.

Fertig zur Montage – das Replika-Gehäuse der „ME“

Wie entsteht ein Replika

Am Anfang steht oft der Schreibtisch, an dem eine technische Zeichnung, im Falle einer Replik auch vollständige Konstruktionszeichnungen mit exakten Maßen und Daten angefertigt werden. Dann geht es in die Werkstatt. Dort werden Bleche zurechtgeschnitten, gestanzt, gezogen, gekantet, gefalzt. Es wird gebohrt, gedreht und gefräst. Oft ist dann die Lötkabine dran. Dort liegen die Lötkolben mit unterschiedlichen elektrischen Leistungen und verschieden geformten Lötspitzen bereit. Je nach Erfordernis ist dort auch ein Flammenlötgerät verfügbar. Nach dem Reinigen des Lötguts im Ultraschallbad geht es ans Versäubern mit Feilen, Glaspapier oder auch mit feinen Fräsern, wie man sie aus der Zahnarztpraxis kennt. Der Feinschliff erfolgt in der Strahlkabine mit Korundmehl feinster Körnung bei bis zu 10 bar Druck. In dieser Kabine erfolgt auch die Entlackung neu zu lackierender Teile.

Anschließend kann es mit der Lackierung weitergehen, die häufig mehrfarbig ist. Am Ende geht es da oft um Feinarbeit mit dem Schlepphaarpinsel. Beschriftungen werden bei Bedarf angebracht, als Schiebebilder, Reibeschriften, mit Schablone oder auch gedruckt. Oft ist der Abschluss der Lackierarbeiten ein farbloser Überzugslack mit von Fall zu Fall unterschiedlichem Glanzgrad.

Bei der Endmontage kommen oft vernickelte Zurüstteile zur Verwendung, dazu steht eine kleine Galvanikanlage zur Verfügung.

Freilich sind für all diese Arbeiten neben den erwähnten Einrichtungen weitere Maschinen erforderlich. Zur Blechbearbeitung Tafelscheren für Grob- und Feinschnitt, Stanzmaschinen für Handbetrieb oder – bei Serienproduktion – auch eine hydraulisch betriebene. Auch eine Kantbank ist in regelmäßigem Einsatz. Für die sog. spanabhebenden Verfahren braucht es Bohrmaschinen, Drehbänke und Fräsmaschinen.

Wie bereits gesagt: Es geht nur um Spielzeug. Aber Eintönigkeit oder gar Langeweile sind uns fremde Begriffe.

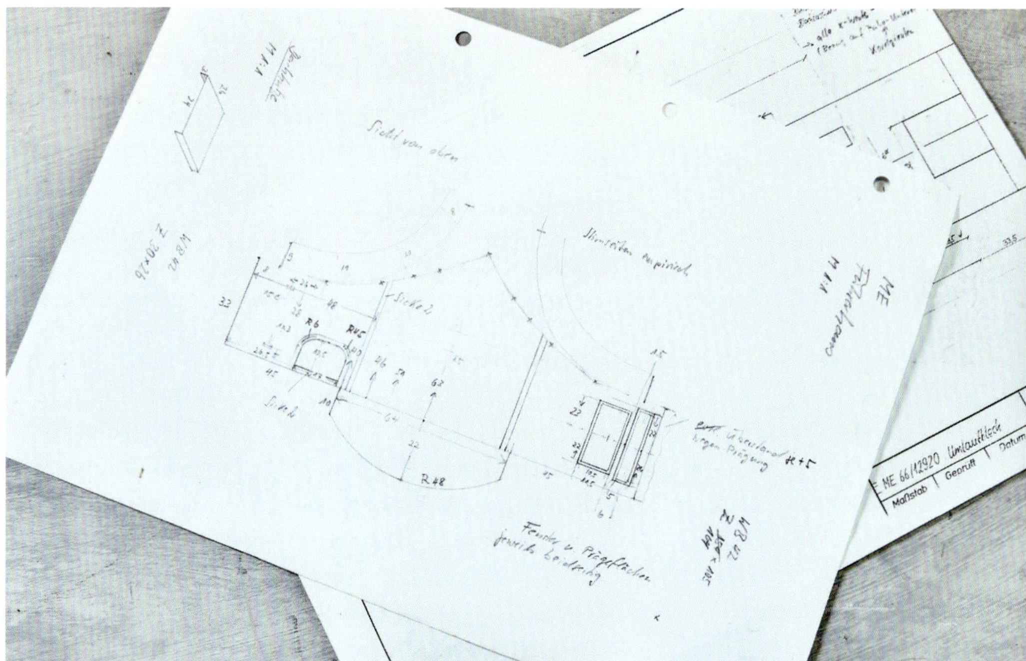

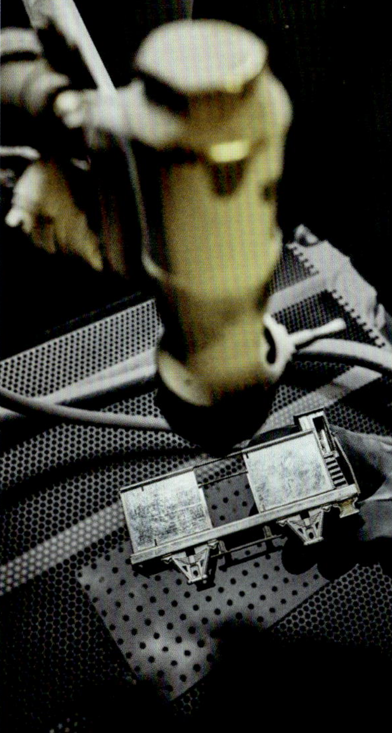

oben: Zeichnung Führerstand „ME“

Mitte: Gernot Ritter an der Gewindeschneidemaschine

unten: Andreas Meilke bei Feinarbeiten an einem „Adler“ von 1935

rechts unten: Kühlwagen in der Sandstrahlkabine

Ritter Replika-Modelle

Im Folgenden berichten wir über den Bau unserer Replika-Modelle der Reihe nach, beginnend mit der Spur 0.

PLM

Begonnen haben wir mit der „PLM". Märklin brachte dieses sehr gelungene Modell nach dem Vorbild einer französischen Lokomotive 1912 auf den Markt. Die „PLM" (Paris-Lyon-Méditerranée) löste damals das auf dem Markt wenig erfolgreiche Modell der „Württemberger C" ab, die auch als „Schöne Württembergerin" bekannt ist. Im Gegensatz zur „Württemberger C" war der „PLM" voller Erfolg auf dem Markt beschieden. Das Modell wurde in den Spurgrößen 0 und 1 angeboten und in allen drei Traktionsarten (Federwerk, Dampfbetrieb und Elektromotor). Die Gehäuse gab es in den Farbvarianten grün und schwarz. Die „PLM" wurde letztmalig im Katalog von 1929 angeboten und dann von der im gleichen Katalog vorgestellten „HR" abgelöst. Den 4-achsigen Tender für die „PLM" hatten wir ohnehin schon verfügbar, weil dieser in der Vergangenheit öfter mal nachgefragt worden war. Für den britischen Markt wurde die „PLM" übrigens auch mit einem „anglisierten" Tender, ähnlich dem der „Great Bear" angeboten, allerdings nur in der Version mit Federwerk. Auch diesen Tendertyp haben wir in unserem Programm. Angeboten haben wir die „PLM" in den Farbversionen grün und schwarz.

Replika der „PLM" in schwarzer Lackierung

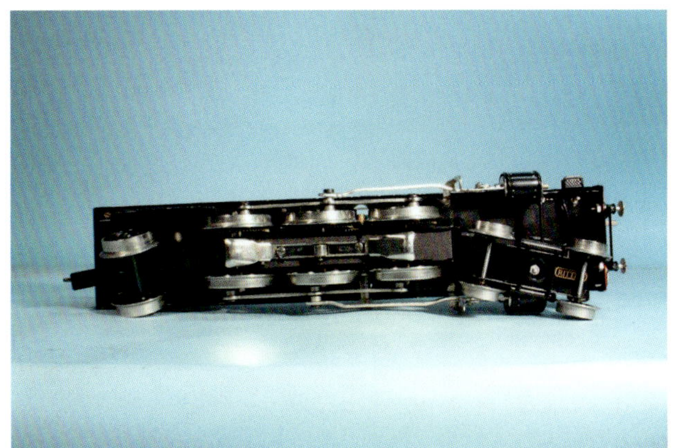

Replika der „PLM“ in grüner Farbgebung

HR

Als nächstes nahmen wir die eben erwähnte „HR" in Angriff, die Märklin von 1929 bis 1932 in den Spurgrößen 0 und 1 im Programm hatte. Mit der „HR" bildete Märklin nach der „Württemberger C" (von Märklin angeboten von 1909 bis 1912) erstmals wieder eine Lokomotive nach deutschem Vorbild ab, die Baureihe 01. Diese wurde von der Deutschen Reichsbahn-Gesellschaft von 1925 bis 1945 in 231 Exemplaren gebaut. Es war eine der ersten Einheitslokomotiven für den Personen-Schnellverkehr.

Märklin bot das Modell „HR" von 1929 bis 1932 an. Dann wurde es abgelöst durch eine verfeinerte und noch näher am großen Vorbild orientierte Version, ebenfalls mit der Bezeichnung „HR". Im Vergleich der beiden Modelle erkennt man gut den Unterschied zwischen der „Vormodellzeit" und der „Modellzeit". Die spätere Version der „HR" wurde übrigens bis zum Ende der Spurgröße 0 (1954) angeboten.

Nachdem wir die Replik der „HR" vorgestellt hatten, brachte uns ein Kunde eine amerikanische Variante des Modells zur Ansicht vorbei. Er hatte diese Lokomotive in New York gefunden, sie war in hervorragendem Zustand und im Originalkarton. Das Modell und der Karton waren mit „AHR 65/13020" beschriftet und die Lok an der Front mit einem „Cow Catcher" (Kuhfänger) versehen. Die Lackierung war mittelblau, wirkte allerdings deutlich grünlich. Bei genauem Betrachten zeigte sich, dass der grünliche Farbton durch Vergilbung des (ursprünglich farblosen) Decklacks bewirkt wurde. Unten und innen waren Lok und Tender nicht mit Klarlack versehen und dort war der Farbton im genannten mittelblau. Auch in dieser Farbgebung und mit „Cow Catcher" haben wir die „AHR" in sehr kleiner Stückzahl hergestellt.

Replika der grünen „HR"

CER

Es war Tradition bei Märklin, von verhältnismäßig teuren Lokomotiven, die aber die Bezeichnung „Modell“ durchaus schon verdienten, vereinfachte und damit auch preiswertere Varianten auf den Markt zu bringen. Wie bereits erwähnt, wurde in der „Uraltzeit“ (vor dem Ersten Weltkrieg) die unter der Bezeichnung „H“ angebotene „Württemberger C“ mit der Achsfolge 2'C1' um eine Treibachse verkürzt, also 2'B1' unter der Bezeichnung „ECE“ angeboten. Bei einer weiteren Dampflok mit der Bezeichnung „EE“ wurde auch noch der Nachläufer weggelassen, die Achsfolge war jetzt 2'B. All diese Lokomotiven hatten aber die „Württemberger C“ als Vorbild, was man u.a. am spitzen Führerhausdach und dem großen Sanddom erkennt.

Ganz ähnlich verhielt es sich bei der „HR“, der Nachbildung der Baureihe 01 von 1929. Bereits im Jahr 1928 bot Märklin eine ebenfalls um eine Treibachse verkürzte Version der „HR“ unter der Bezeichnung „CER“ an. Der Tender für die „CER“ war gegenüber dem der „HR“ etwas verkürzt, ansonsten aber baugleich. Es war naheliegend, beide Modelle, die „HR“ und die „CER“ zu bauen, da viele Teile genau gleich waren. Selbst der Lokomotivkessel ist baugleich, nur endet er bei der „HR“ bereits vor dem Stehkessel, während er bei der „CER“ bis zur Stirnwand des Führerhauses reicht. Deshalb wirkt er bei der „CER“ kürzer. Auch die Teile der Steuerung sind bei beiden Modellen gleich, nur die Schieberstange ist bei der „HR“ gegenüber der „CER“ etwas gekürzt. Die „CER“ wurde nur in der Farbgebung grau von Märklin angeboten.

Unsere Replik der „CER 70/13020“

Unsere Replik der „CER 70/13020“ in der Originalfarbe Grau

Personenwagen

Besonders das Modell „HR“ betreffend wurden wir von Kunden immer wieder darauf aufmerksam gemacht, dass eine Lokomotive erst durch angehängte passende Wagen zu einem Zug wird. Für die „PLM“ gab es hervorragend nachgebaute Wagen von der Firma Blumhardt (Hehr), auf die wir die Käufer der „PLM“ verweisen konnten. Aber für die Schnellzuglok „HR“ fehlten passende Wagen der Deutschen Reichsbahn. Also machten wir uns an die Herstellung solcher Wagen. Als Vorbild dienten die 4-achsigen Personenwagen der Serie mit den Katalognummern 1945 bis 1947, die Märklin etwa im Jahr 1921 vorgestellt hat. Die Wagen sind mit sog. Tonnendächern versehen und haben eine Länge von 34,5 cm. Gebaut haben wir Personenwagen (1945) in grün, Mitropa Speisewagen (1946) in rot und Mitropa Schlafwagen ebenfalls in rot. Speise- und Schlafwagen bauten wir auch in der internationalen Ausführung in blau. Auf Sonderwunsch fertigten wir die Wagen auch in den Farben des „Rheingold“ creme/violett. Für alle diese Wagen boten wir auch passende Inneneinrichtungen an.

Replika Sitz- und Rheingoldwagen (34,5 cm)

Replika nationaler und internationaler Schlafwagen (34,5 cm)

RITTER
SCHLAFWAGEN

TK

1927 stellte Märklin das Modell einer britischen Tenderlok mit der Achsfolge 2'C2' (britische Benennung 4-6-4) vor, die Bezeichnung war „TK". Es handelte sich um eine für die damalige Zeit hervorragend gelungene Nachbildung einer Lokomotive, die in Großbritannien bereits vor dem Ersten Weltkrieg in Planung war. Bei Kriegsausbruch war aber erst eine der geplanten Maschinen fertig gestellt, die Nummer 327. Die Lokomotive mit Nummer 328 wurde 1916 in Dienst gestellt. Der Bau weiterer Lokomotiven dieses Baumusters kam durch das Kriegsgeschehen vorläufig zum Erliegen. Nach dem Krieg hatte sich die Bedarfslage geändert, so dass weniger Exemplare gebaut wurden, als ursprünglich geplant. Es waren noch weitere 5 Stück, die 1922 den Dienst aufnahmen, deren Nummern waren 329 bis 333.

Einem Teil der Lokomotiven wurden Namen gegeben. Zu Ehren eines Bahndirektors bekam die Lok mit der Nummer 327 den Namen „CHARLES C. MACRAE" und die mit der Nummer 329 den Namen des Lokomotivkonstrukteurs „STEPHENSON". Im Gedenken der im Ersten Weltkrieg gefallenen Eisenbahner bekam die Lok mit der Nummer 333 den Namen „REMEMBRANCE".

Märklin bot das Modell in den Spurgrößen 0 und 1 in verschiedenen Farbvarianten an. Auch die 329 „Stephenson" war dabei. Die Lokomotiven wurden nur mit Federwerk angeboten, weil elektrisch betriebene Spielbahnen in Großbritannien nicht populär waren.

Wir haben die „TK" in der Spurgröße 0 nachgebaut, allerdings mit elektrischem Antrieb. Wir bauten eine braune Variante mit dem Namen „CHARLES C. MACRAE" und eine grüne mit Namen „STEPHENSON". Beide Modelle haben wir auch in der Spurgröße 00 (H0) gebaut.

Replika der braunen „TK" in Spur 0

Grüne 00-(H0)-„TK“ vor großer Schwester

„Stephenson“ in Spur 0

Teilesatz Gehäuse „ME 70/12920“

Fertig gelötetes Gehäuse „ME“

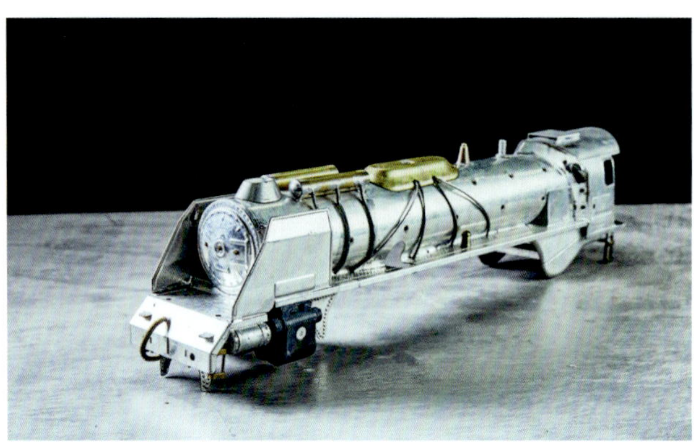

ME

Als nächstes Replika-Modell nahmen wir eine Schlepptender-Lok mit der Achsfolge 2'D1' mit 4-achsigem Schlepptender in Angriff. Märklin hatte dieses Modell von 1934 bis 1940 nur in der Spurgröße 0 und für das 20-Volt-System mit der Katalog-Bezeichnung „ME“ im Programm. Das Modell (vgl. auch „Die Brot-Lok“) wurde in hellgrauer und schwarzer Farbgebung angeboten, gehört in die „Modellzeit“ der 1930er-Jahre und ihr Erscheinungsbild ist sehr nah am großen Vorbild.

Das Vorbild der Lokomotive wurde von der Französischen Staatseisenbahn ETAT zwischen 1930 und 1934 mit 49 Exemplaren in Dienst gestellt. Die Bezeichnung der Baureihe war „241“. Diese Benennung zeigt die Achsfolge der Lok: 2 Radsätze in Vorläufer, 4 Treibradsätze und 1 Radsatz im Nachläufer.

Wir fertigten die „ME“ in den Farben hellgrau und schwarz, auf Sonderwunsch einiger Kunden auch in grün.

Detailansicht graue „ME“

Graue Replika
„ME 70/12920“

Sonderlackierung
„ME“ in grün

AHR

Neben dem britischen Markt hatte Märklin bereits vor dem Ersten Weltkrieg (in der „Uraltzeit") auch den amerikanischen im Blick. Sei es auch nur, dass einer ohnehin bereits vorhandenen Spielzeuglok ein Kuhfänger an der Front und eine Bimmel auf dem Kessel verpasst wurden. 1933 (am Anfang der „Modellzeit") stellte Märklin unter der Katalog-Bezeichnung „AHR" ein sehr gelungenes Modell einer „Hudson"-Lokomotive der Bahngesellschaft „New York Central" vor

Vom diesem Lok-Typ „Hudson" mit der Achsfolge 2'C2' und 6-achsigem Tender wurden in den USA in der Zeit von1927 bis 1938 insgesamt 275 Stück in Dienst gestellt. Die Bezeichnung „Hudson" war dem ehemaligen Präsidenten der „New York Central Railroad" in den Sinn gekommen, als er von seinem Bürofenster aus nachdenklich auf den Hudson River blickte. Zu der Zeit bestand schon die wichtige Bahnverbindung von New York nach Albany, die über 200 km entlang des Hudson Valley führte.

In den 1990er-Jahren fertigten wir eine Replik dieser „Hudson". Wir lackierten die Lokomotiven schwarz, einige Exemplare auch mit silberfarbener Rauchkammer. Wenige Stücke bekamen eine rote Farbe mit goldfarbener Rauchkammer.

Rote „Hudson"

„Hudson“ in schwarzer Farbgebung

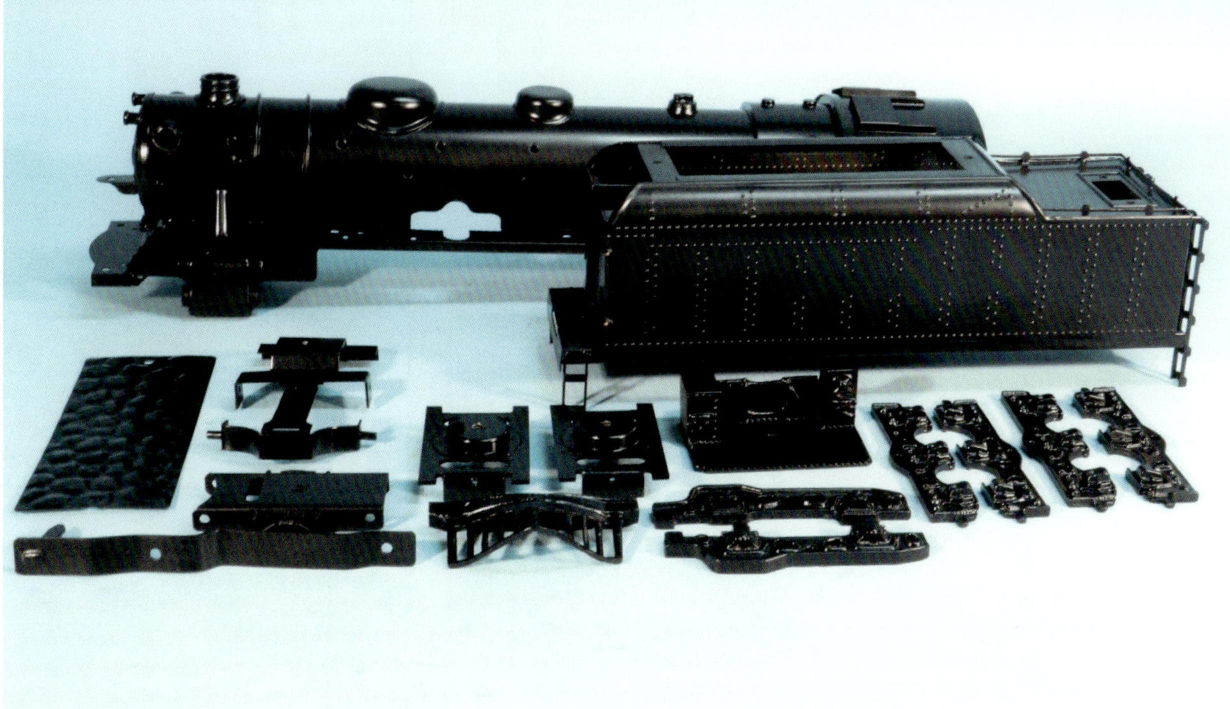

Teilesatz der „AHR 70/12920“

COMMODORE VANDERBILT

AK

1936 stellte Märklin unter der Katalogbezeichnung „AK" ein stromlinienverkleidetes Modell der „Hudson" vor. Wie das Modell „AHR" war diese Lok einem Vorbild der „New York Central" nachempfunden und trug diese Aufschrift auf den Seitenwänden des Tenders. Die Lokomotive selbst war seitlich mit „COMMODORE VANDERBILT" beschriftet. Diese Bezeichnung geht auf Cornelius Vanderbilt zurück, der im 19. Jahrhundert Eigentümer der wichtigsten Bahnlinien in den USA war und auch in eigener Regie solche Bahnstrecken baute.

Gleichzeitig mit dem Modell „AHR" bauten wir ein Modell der „AK". Die Lackierung war schwarz.

Replika „AK 70/12920 – Commodore"

Pullman-Wagen

Freilich kam anlässlich der beiden amerikanischen Dampflokomotiven erneut der Wunsch nach passenden Wagen auf. Märklin hat solche Wagen nach Vorbild der Firma „Pullman“ in den 1930er-Jahren angeboten. Es waren mit 56 cm Länge die längsten Wagen, die Märklin für die Spurgröße 0 jemals gebaut hat. In den Katalogen für Deutschland wurden diese „Pullman“-Wagen übrigens nicht angeboten und für den US-Markt waren sie mit Kupplungen versehen, die zu denen des amerikanischen Herstellers Lionel passten.

Zunächst bauten wir den Sitzwagen mit der Katalognummer 2924 und den „Observation Car“ mit der Nummer 2925, der am Ende des Zugs eingesetzt wurde und dort über eine Aussichtsplattform verfügt. Wir lackierten die Wagen in grün und in blau, auf Sonderwunsch auch in rot und grau. Zu den roten Wagen gibt es eine kleine Geschichte. Um die Jahrtausendwende besuchte uns ein Kunde, der gerade von einer Reise durch die USA zurückgekehrt war. Irgendwo am Rio Grande hatte er einen Pullman-Wagen entdeckt, der dort aufgestellt und zu einem Restaurant ausgebaut war. Er brachte uns ein Farbfoto dieses Wagens und meinte, dies sei doch eine reizvolle Farbvariante. Dieser Ansicht haben wir uns angeschlossen.

Man kann sich vorstellen, dass, wenn die Amerikaner mit solchen Zügen auf Reise gingen, diese Reisen nicht vergleichbar waren mit „übers Wochenende fahren wir mal schnell an den Bodensee oder wir verbringen es auf Rügen“. Die geographischen Dimensionen in den USA passen nicht zu den unsrigen. Es ist naheliegend, dass die Amerikaner bei ihren Reisen im „Pullman-Zug“ erheblich mehr Gepäck mit sich führten, als es hierzulande üblich ist. Andererseits hat Märklin seinerzeit keinen Gepäckwagen zu dem „Pullman-Zug“ angeboten. Das ging natürlich gar nicht. Zum einen war jeder Wagen sehr lang, und gab Raum für viele Passagiere, zum andern waren im Originalbetrieb viele dieser Wagen in einem Zug unterwegs. Wohin also mit dem vielen Gepäck?

„Caboose“ und Postwagen für US-Zug

Wir haben deshalb einen zum „Pullman-Zug“ passenden Gepäckwagen gebaut, ebenfalls mit 56 cm Länge und mit 4 Schiebetüren zum Be- und Entladen. Für kürzere Reisestrecken mag es vielleicht auch ein Kombi-Wagen tun, der zur Hälfte mit Sitzabteilen bestückt ist, dessen zweite Hälfte aber dem Gepäcktransport dient. Auch einen solchen Wagen haben wir gebaut.

Was aber bei einer Reise, womöglich quer durch den Kontinent, auf weiten Strecken durch schiere Wildnis? Wer schützt da das Leben der Reisenden und deren Gepäck im Gepäckwagen. Entsprechend dem amerikanischen Vorbild bauten wir zum „Pullman-Zug einen Begleitwagen für Schutzpersonal, natürlich mit Dachausguck, damit von den „Bahnpolizisten“ anrückende Gangsterhorden bei Zeiten erkannt werden konnten. Dieser „Caboose“ ist natürlich 4-achsig ausgelegt, damit eine hinreichende Zahl an Schutzpersonal darin Platz hat. Jetzt können die Passagiere ihre Reise unbesorgt antreten.

Vergleichsweise harmlos war der nächste Schritt. Wir machten uns Gedanken über die US-Post. Wenn da schon Züge so lange Strecken fahren, dann könnten diese doch auch Post mitnehmen. Also bauten wir noch einen dem „Caboose“ in der Länge vergleichbaren Wagen, aber ohne Schießscharten im Dach und beschrifteten diesen mit „UNITED STATES POSTAL SERVICE“. Jetzt war der Zug perfekt. So oder ähnlich hätte er auch aussehen können, hätte Märklin damals ähnliche Überlegungen angestellt.

„Observation Car“ mit Aussichtsplattform und ein „Passenger Car“

Packwagen und kombinierter Pack- und Passagierwagen

HS

Bis hierher sind es nur Dampflokomotiven, die wir als Replika-Modelle gebaut haben. Aber auch E-Loks haben ihren besonderen Reiz. Insbesondere dann, wenn sie mit einem Elektromotor ausgestattet sind und somit auch in der Traktionsart mit dem jeweiligen Vorbild übereinstimmen.

Seit jeher war die Schweiz für Märklin ein wichtiger Markt. Wohl auch deshalb finden sich im Angebot von Märklin, jedenfalls bei den Stücken, die die Bezeichnung „Modell" verdienen, so viele E-Loks nach Schweizer Vorbildern. Im Jahr 1929 stellte Märklin einen Nachbau des Schweizer Vorbilds Ae 3/6 I vor mit der Achsfolge 2'C 1' und der Katalogbezeichnung „HS" vor. Wir befinden uns noch in der „Vormodellzeit", da nahm man es mit der Vorbildtreue noch nicht so genau. Es gab zwei Farbvarianten: Gehäuse grün mit weißem Dach und Gehäuse braun mit schwarzem Dach. Das große Vorbild war mit dem sog. „Buchli"-Antrieb ausgestattet, der der Lokomotive rechts und links das typisch asymmetrische Aussehen verlieh. Märklin verwendete dagegen den ohnehin schon vorhandenen Motor der „Vormodell-HR" (s.o.). Der war mit Kuppelstangen ausgestattet, daher bekam die „HS" diese auch. Im Jahr 1934, also in der „Modellzeit" hat Märklin diese Abweichungen korrigiert. Die Bezeichnung „HS" blieb zwar, aber jetzt hatte das Modell eine Imitation des Buchli-Antriebs und war mit E-Lok Rädern ohne Gegengewicht und ohne Kuppelstangen ausgestattet.

„HS 70/13020" in brauner Farbgebung

Das große Vorbild der Ae 3/6 I wurde in der Schweiz in den Jahren 1921 bis 1929 in 114 Exemplaren gebaut. Die Lokomotive war in erster Linie für die Traktion leichter Schnell- und Personenzüge im Flachland gedacht.

Wir fertigten einen Nachbau der „Vormodell-HS" ebenfalls in den beiden Farbvarianten grün und braun.

„HS 70/13020" in grün

RR

Wie auch bei vielen anderen Modellen der Spurgrößen 0 und 1 brachte Märklin auch in Anlehnung an die HS eine preiswerte Variante auf den Markt, die zwar erheblich vom großen Vorbild Ae 3/6 abwich, als reine Spielzeuglok jedoch sehr gut geeignet war. Diese Lok hatte zwar nur einen 2-achsigen Antrieb (Achsfolge B) und es fehlten die beiden Vorbauten. Ihre Katalogbezeichnung war „RS“. Nachdem wir nun über das Prägewerkzeug für die Seitenwände der „HS“ verfügten, entschieden wir uns für ein ähnliches Vorgehen. Wir rüsteten diese vereinfachte Version allerdings mit je 1-achsigen Vor- und Nachläufern aus. Die Achsfolge war also 1'B1'. Dieses Modell nannten wir „RR“. Wir fertigten diese Lok in grün mit grauem Dach und in braun mit schwarzem Dach.

„RR 70/13020“ in braun

Bei Güterwagen sind der Phantasie kaum Grenzen gesetzt

Güterwagen

Güterzüge können besonders Freude machen wegen der Verschiedenheit der Wagen und deren Farbenvielfalt, wenn man die passenden wählt. So beschlossen wir in den 1990er-Jahren, zweiachsige Güterwagen von der Kühlwagensorte 1987 (Märklin Katalog-Nummer) zu fertigen. Nicht nur als Kühlwagen, auch als „Seefische-", oder „Bananenwagen", „Schultheiss Patzenhofer", „Mineralbrunnen Fachingen", auch „Feldschlösschen Rheinfelden", obwohl es letzteren von Märklin in dieser Version nicht gab. Ja sogar einen in schönem Bordeauxrot lackierten Wagen dieser Art beschriftet mit „Weingut Nürtingen" haben wir aus Restbeständen dieses Wagentyps hergestellt, der prächtigen Farbe wegen. All diese Wagen gehören in die Kategorie der „Vormodellzeit".

Überhaupt die Farben und deren Vielfalt haben uns gereizt. So schufen wir auch 2-achsige Kesselwagen vom Typ 1994 (Märklin Katalog-Nummer). Da reichte die Farbenpracht von Grau über Silber nach Blau, Grün, Gelb bis hin zu schönem Rot. Diese Kesselwagen haben uns so gut gefallen, dass wir uns entschlossen, solche auch zur Modellzeit der 30-Jahre passend herzustellen nach dem Typ 1774 (Märklin Katalog-Nummer). Die gab es dann auch in bunter Farbenpracht. Weil diese so schön waren und uns so viel Freude machten, haben wir solche Kesselwagen auch in 4-achsiger Ausführung entsprechend dem Typ 1854 gebaut. Damit konnte man wunderbar farbenfrohe Züge zusammenstellen.

Güterzüge bestehen aber nicht nur aus Kühl- und Kesselwagen. Da mussten noch einige andere her. Passend erschien uns der Milchtransportwagen 1777 und der Säuretopfwagen 1990. Jetzt fehlte noch ein Flugzeugtransportwagen. Da hielten wir den Typ 1996 beladen mit einer „Taube" für recht geeignet. Dieser hat uns so sehr gefallen, dass wir ihn sowohl mit grün, als auch mit braun lackiertem Wagenboden bauten.

oben: Kesselwagen der Serie 19940

Mitte und unten: Kesselwagen der Serie 18450

Zubehör

Stationäre Modellbahnanlagen mit perfekt gestalteten Landschaften und Häusern fanden erst nach Einführung der heute sehr verbreiteten Spurgröße 00 (H0) Verbreitung. Die Blechbahnen der großen Spurweiten hätten dazu wohl zu viel Raum benötigt. In den Zeiten der Spuren 0 und 1 wurden die Gleise oft erst zu Weihnachten, meist auf dem Fußboden, aufgebaut und irgendwann nach den Feiertagen wieder abgebaut und verpackt.

Doch von Anfang an gab es auch für die großen Bahnen eine Fülle an Ausstattung für den Spielbetrieb. In der Regel war auch dieses Zubehör aus Blech gefertigt und bunt lackiert. Neben prächtigen Bahnhofsbauten gab es Güterschuppen, Lokschuppen, Drehscheiben, Verladekräne, Brücken, Bahnübergänge und ... und ... und.

In den 1990-iger Jahren haben wir begonnen, einige kleinere Stücke solchen Zubehörs nachzubauen. Dabei war ein Bahnhofskiosk, eine Gepäckaufgabe, auch ein Telefonhäuschen. Selbst ein kleines Toilettenhaus haben wir gebaut, mit Inneneinrichtung getrennt für Damen und Herren. Märklin hat bis 1928 die beiden Türen der „Bedürfnisanstalt“ beschriftet mit „Männer“ bzw. „Frauen“. Ab dem Katalog von 1929 war die Beschriftung dann „Herren“ und „Damen“. Leider wurde diese modernere Version aber ohne Inneneinrichtung angeboten.

oben: Expressschalter

Mitte: Versionen der Telefonzelle

unten: Erfrischungsbude und Hundehütte

Versionen der Zapfsäule, mit und ohne Beleuchtung

Toilettenhaus mit Inneneinrichtung

Replika-Modell in der Spurgrösse 00 (H0) – E800

Als Replik haben wir in der kleinen Spur nur ein einziges Modell Anfang der 1990er-Jahre hergestellt. Dabei handelt es sich um die 2'B-Dampflok „E 800“ nach britischem Vorbild der Bahngesellschaft LMS (London, Midland and Scottish Railway) in brauner Lackierung. Märklin stellte dieses Modell kurz vor dem Beginn des Zweiten Weltkrieges vor.

Offenbar wurden nur wenige (um die 30 Stück) Prototypen dieses Lokmodells gefertigt. Wegen des Kriegsgeschehens kam es nie zu einer Serienproduktion, entsprechend selten wird ein Exemplar der kleinen Vorserie auf dem Markt angeboten. Daher erschien uns dieses Modell für eine Replika-Kleinserie geeignet. Wir haben die Auflage damals auf 100 Stück begrenzt und jede Lok mit einer entsprechenden Nummer versehen. Wie sich herausstellte brachte die Idee der Nummerierung eher Probleme. Alsbald kamen bereits Wünsche nach bestimmten Nummern. Die Nummer 1 hätten wir vielfach verkaufen können. Da es natürlich eine jede Nummer nur einmal gab, hatten wir hier gewisse Schwierigkeiten. Ein Kunde hat uns gar eine Lok zurückgeschickt mit der Begründung, deren Nummer sei für ihn eine Unglückszahl (es war nicht die „13“). Seither sehen wir von einer Nummerierung unserer Kleinserien ab. Selbstverständlich aber sind alle Replika-Modelle als solche gekennzeichnet.

Von anderen Modellen für den britischen Markt in der Spur 00 (R, SLR, HR) bot Märklin in den späten 1930er-Jahren neben der braunen LMS-Version jeweils auch eine grün lackierte Variante der Bahngesellschaft LNER (London and North Eastern Railway) an. Es war daher naheliegend, dass auch von der „E 800“ eine grüne Version geplant war, zu deren Fertigung es aber nicht mehr kam. Wir haben daher eine kleine Stückzahl grün lackiert und den Tender mit „LNER“ beschriftet. Auf besonderen Kundenwunsch haben wir auch das eine oder andere Stück blau lackiert und den Tender mit „CR“ (Caledonian Railway) beschriftet.

„C 800“ mit passend lackierten Wagen

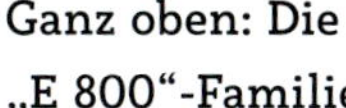

Ganz oben: Die „E 800“-Familie

unten links: „E 800“ in brauner Lackierung

unten rechts: „E 800“ in schwarzer Lackierung

← Bonn
Köln – Bonner
Eisenbahnen
Rheinuferbahn
Köln →
501
II
II III
III
Schnellzug
501
← Bonn
Köln – Bon
502

KAPITEL 7

WWW-Modelle

Individuelle Sonderanfertigungen – das Haus ist dem Firmengebäude nachempfunden

Mit der Zeit empfanden wir die Herstellung von Replika-Modellen als etwas zu langweilig, beinahe schon als bloßes „Nachäffen". Es machte keine rechte Freude mehr, wir wollten Neues schaffen. Wir wollten Stücke für die alte „Blechbahn" schaffen, die es vorher noch nicht gab.

Was wäre, wenn ...

Hier ist ausdrücklich nicht von sog. „Finescale"-Modellen die Rede, die meist aus Messing gefertigt und sehr fein modelliert sind. In diesem Segment gab es eine ganze Reihe meist Kleinserienhersteller, die diesen Teil des Marktes bedienten. Solche Modelle sind aber für die Liebhaber der „alten" Spur 0 ungeeignet. Sie passen vom Stil her nicht zu den alten Blechbahnen und sind auch technisch ungeeignet, da sie für das sog. 2-Leiter-Gleichstromsystem gefertigt werden und nicht für das Gleissystem mit Mittelleiter, das Märklin bedient hat. Auch sind die Spurkränze solcher „Finescale"-Stücke für die Gleise der alten Märklin Bahn viel zu klein. Selbst die Wagen würden auf den Märklin Gleisen ständig entgleisen.

Wir überlegten, wie Lokomotiven und Wagen hätten aussehen können, wenn Märklin nach dem Zweiten Weltkrieg die alte Spurgröße 0 nicht eingestellt, sondern etwa so, wie bei der Spurgröße 00 (H0) weiterentwickelt hätte. Neuentwicklungen gab es ab den 1950er-Jahren für die Spur 0 nicht mehr. Märklin hat lediglich Teilebestände aus der Vorkriegszeit verarbeitet und in geringem Umfang durch einige Fehlteile ergänzt. 1954 wurde das Angebot für die Spur 0 dann endgültig eingestellt. Das ist sehr bedauerlich. Es gibt nach wie vor viele Liebhaber der Spurgröße 0 in „Tinplate", die ihr Hobby auf Spielanlagen bis heute liebevoll pflegen, jedoch große Mühe haben, Lokomotiven und Wagen zu finden, die über das Angebot der Vorkriegszeit hinausgehen.

Was wäre, wenn (daher der Name „WWW-Modelle") Märklin das Angebot für die Spur 0 nach dem Krieg nicht eingestellt, sondern wie bei der Spur 00 (H0) weiterentwickelt hätte? Für die Spurgröße 00 (H0) erschienen in den 1950er-Jahren eine ganze Reihe neuer Modelle, oder Modelle aus der Vorkriegszeit wurden zum Teil verfeinert. Diese Lücke wollten wir schließen.

BR 06 (SK 70/12920)

Begonnen haben wir mit der „SK". Diese vereinfachte Version eines Modells der BR 06 in Stromlinienverkleidung war zwar schon 1939 vorgestellt und nach dem Krieg in verschiedenen Varianten weiterentwickelt worden, aber eben nur für die Spurgröße 00 (H0). Die letzte Variante der „SK" wurde 1957 unter der Nummer 3007 im Katalog angeboten.

Das Vorbild der „SK", die BR 06, wurde ab 1936 von Krupp gebaut. Die Achsfolge war 2'D2', die einzige deutsche Lokomotive mit dieser Achsfolge. 1939 wurden lediglich zwei Maschinen in Dienst gestellt und dabei sollte es auch bleiben. Es war zwar eine Lokomotive der Superlative, mit über 26,5 Meter Länge die längste Schnellzuglokomotive der Reichsbahn, die schwerste außerdem. Doch bald zeigten sich einige Mängel im Betrieb, vor allem am Kessel, der mehrfach mit Rissbildungen zu kämpfen hatte. Mit Beginn des Zweiten Weltkrieges wurde von einer Weiterentwicklung und vom Bau weiterer Maschinen abgesehen. Beide Lokomotiven wurden durch das Kriegsgeschehen schwer beschädigt. Nach dem Krieg sah die Bundesbahn von einer Instandsetzung ab, die BR 06 war offenbar nicht geeignet, bestehenden Bedarf zu befriedigen. Leider wurden im Jahr 1951 beide Maschinen verschrottet, es gibt daher kein Museumsexemplar.

Gegenüber dem Vorbild BR 06 war bei der „SK" das Fahrwerk um eine Achse verkürzt, die Achsfolge daher 2'C2'. Diesen Kompromiss ging Märklin vermutlich aus zwei Gründen ein: zum einen war ein „C"-Fahrwerk vom Modell der BR 01 („HR 800") bereits verfügbar, zum andern hätte es mit der Achsfolge „D" ein Problem mit der Kurvengängigkeit bei den verfügbaren Gleisradien gegeben. Anstatt der Achsfolge 2'D2' war diese bei der „SK" lediglich 2'C2'. Lange überlegten wir, ob wir das „WWW-Modell" in der Spurgröße 0 mit der Achsfolge des großen Vorbilds, oder mit der des 00 (H0)-Modells fertigen sollten. Die Treibachsfolge „D" wäre problemlos möglich gewesen, da wir ja bereits ein Replik-Modell der „ME" im Sortiment hatten, damit war das „D"-Fahrwerk verfügbar. Wir haben

uns dann entschlossen, zunächst die „SK 800" der Spurgröße 00 (H0) in Spurgröße 0 nachzubilden, ein Modell der BR 06 mit der korrekten Achsfolge „D" konnten wir ja jederzeit nachschieben. Dazu kam es allerdings nie, andere „WWW-Modelle" haben uns zu sehr beschäftigt.

Die „SK 70/12920" fertigten wir in zwei Versionen. Eine grüne Ausführung mit Feuerbüchse und mit

vier Domen auf der Lokomotive, auch mit Faltenbalg am Tender, entsprechend dem Modell in der Spurgröße 00 (H0) von 1939, und in einer Nachkriegsversion der „SK" mit Druckzylindern anstelle der Feuerbüchse, mit drei Domen auf der Lok und ohne Faltenbalg am Tender.

Beide Versionen der „SK" in Spurgröße 0

BR 64 (TP 70/12920)

Als Neuheit erschien 1948 ein Modell der BR 64 unter der Bezeichnung „TP 800“. Leider waren dabei die Treibräder für den Maßstab 1:87 etwas zu klein geraten, der Achsabstand wirkte daher zu groß. Im Ganzen war das Modell jedoch gelungen und uns reizte der Gedanke, diese Lok in der Spurgröße 0 zu bauen. So geschah es. Den Durchmesser der Treibräder wählten wir so, dass er etwa zum Maßstab 1:45 passte. Das Erscheinungsbild der Lokomotive gewinnt dadurch deutlich.

Das große Vorbild der BR 64 war eine frühe Einheitslok der Deutschen Reichsbahn. Ihre Achsfolge ist 1'C1'. Im Volksmund bekam sie bald den Beinamen „Bubikopf“. Man hatte bei der Planung vor allem die Modernisierung des Bahnverkehrs auf Nebenstrecken im Auge. Am Bau der BR 64 waren nahezu alle deutschen Lokhersteller beteiligt. Der Bau der Loks begann 1926 und bereits 1928 wurden 188 Exemplare in Dienst gestellt. Ende 1940, dem letzten Jahr der Auslieferung an die Bahn, waren insgesamt 520 Maschinen fertiggestellt. Knapp 400 waren davon nach dem Krieg noch in Betrieb. Bis zur ersten Hälfte der 1970er-Jahre wurden alle in Deutschland verbliebenen Exemplare ausgemustert, die letzte 1974 von der Reichsbahn (Ost). Hauptsächlich in Museen existieren europaweit noch 19 Exemplare der BR 64.

WWW-Modell „TP 70/12920“

64 340

BR 24 (FM 70/12920)

1956 stellte Märklin ein Modell der Schlepptender-lok BR 24 mit der Katalogbezeichnung „FM 800“ vor. Es war eine der ersten Lokomotiven mit Kunststoffaufbau bei Lok und Tender. Die Achsfolge ist 1’C und der Tender ist 3-achsig.

Um das Jahr 1925 diskutierte man bei der Deutschen Reichsbahn, ob die neu zu bauende Einheits-

lok für Nebenstrecken eine Tenderlok oder eine Schlepptenderlok (für längere Strecken) sein sollte. Man entschied sich schließlich für beide. Die BR 64 (s.o.) als Tenderlok und die BR 24 als Variante mit Schlepptender. Einheitslokomotiven haben viele gemeinsame Bauteile und Baugruppen. Die Lagerhaltung von Ersatzteilen sollte im Gegensatz zur kunterbunten Vielfalt der vorausgegangenen Länderbahnzeit vereinfacht und damit wirtschaftlicher werden. Von 1926 bis 1938 wurden 95 Maschinen von mehreren Herstellern gebaut und in Dienst gestellt. Ihr Einsatz war vor allem auf den langen Nebenstrecken in Preußen, daher stammt wohl auch ihr liebevoller Beiname „Steppenpferd".

Nach dem Krieg hatte die Bundesbahn noch 47 Maschinen im Einsatz. Im Jahr 1966 wurden die letzten Exemplare ausgemustert. Vier Loks der BR 24 sind als Museumsloks erhalten, drei davon in Deutschland.

Der Gedanke an ein Modell der BR 24 war naheliegend. Viele Teile der BR 64 sind baugleich mit denen der BR 24, etwa der Kessel, Zylinder, Kamin und Dome, sowie die Durchmesser der Treib- und der Vorlaufräder. Trotz dieser Übereinstimmungen entstand eine Lok mit eigenem Charakter.

BR 86 (TT 70/12920)

1951 brachte Märklin ein Modell der BR 86 auf den Markt. Die Katalogbezeichnung ist „TT800". Diese Lokomotive mit der Achsfolge 1'D1' passt vom Stil her sehr gut zu den Baureihen 64 und 24. Wir machten uns daher daran, von der BR 86 ebenfalls ein Modell in der Spurgröße 0 herzustellen.

Die Entwicklung und der Bau der BR 86 verliefen weitgehend parallel zu dem der Baureihen 24 und 64. Von 1931 bis 1944 wurden 744 Maschinen in Dienst gestellt. Am Bau beteiligt waren nahezu alle deutschen Lokfabriken. Ein großer Teil der Lokomotiven ging im Zweiten Weltkrieg verloren, obwohl die BR 86 nicht im direkten Kriegseinsatz verwendet wurde. Nach dem Krieg waren noch 386 Lokomotiven dieses Typs bei der Bundesbahn im Einsatz. Die letzte davon wurde 1974 ausgemustert. Insgesamt 13 Lokomotiven blieben in Museen erhalten, 9 davon in Deutschland.

86 029

E 63 (CE 70/12920)

Die Dampflokomotiven der Deutschen Reichsbahn und die der Bundesbahn waren alle unten rot und oben schwarz lackiert. Das ist auf Dauer etwas eintönig. Anders verhält es sich bei E-Loks. Bei diesen gibt es eine deutlich größere Vielfalt an Farben, als bei den Dampflokomotiven. Außerdem haben nach unserer Ansicht vor allem die Altbau-E-Loks der Reichsbahnzeit jeweils einen ganz eigenen Charakter. Dies änderte sich erst bei den Einheitslokomotiven in der Zeit der Deutschen Bundesbahn. Finanzielle Gründe bei der Produktion, der Wartung und der Bereitstellung von Ersatzteilen mögen für diese Entwicklung wesentliche Gründe gewesen sein, aber der sehr eigene Charakter einer jeden Baureihe wurde dadurch erheblich geschwächt.

Begonnen haben wir mit dem Nachbau der Verschiebe-E-Lok BR E 63. Ein Modell dieser 3-achsigen Lok mit Schrägstangenantrieb stellte Märklin 1953 unter den Bezeichnungen „CE 800“ und „CEB 800“ als Neuheit vor. Das Gehäuse der „CE 800“ war grün lackiert, wie das Vorbild, das in jener Zeit etwa auf dem Güterbahnhof in Stuttgart seine Rangierdienste tat. Bei der braun lackierten „CEB 800“ hatte Märklin vermutlich den Schweizer Markt im Blick. Die dort bekannte Ee3/3 hat eine gewisse Ähnlichkeit mit der E 63 und war braun lackiert.

Das Vorbild der Märklin Lok wurde von der AEG (Allgemeine Elektricitäts-Gesellschaft) gebaut und 1935 von der Deutschen Reichsbahn in vier Exemplaren mit den Betriebsnummern E 63 01 bis E 63 04 in Dienst gestellt. 1937 wurde ein fünftes Exemplar mit der Betriebsnummer E 63 08 von der AEG nachgeliefert.

Die drei Lokomotiven mit den Betriebsnummern E 63 05 bis E 63 07 wurden von Braun, Boveri & Cie. (BBC), in Zusammenarbeit mit Krauss-Maffei gebaut. Deren Aufbau unterschied sich von dem der AEG-Loks. Alle acht Exemplare der E 63 haben den Krieg überstanden und sich im Einsatz gut bewährt. Sie wurden in den Jahren 1960/61 grundüberholt. Dabei bekamen alle acht Lokomotiven einen roten Anstrich, die Fenster wurden vergrößert und auf beiden Seiten Bremserbühnen angebracht. Alle fünf von der AEG gebauten Lokomotiven waren nach der Revision übrigens in Stuttgart stationiert.

Wir bauten für die Spur 0 zunächst ein Modell in grüner DB-Lackierung und auch in grauer Farbgebung nach Vorbild der Deutschen Reichsbahn. Auch die Version nach der Revision 1960/61 hat uns gefallen und wir haben ein entsprechendes Modell gebaut. Märklin hat für die Spur 00 (H0) ebenfalls ein rot lackiertes Modell entsprechend der Umbauversion vorgestellt, allerdings ohne die Änderung der Fenster und auch ohne die Bremserbühnen.

E 17

Die E 63 ist zwar eine sehr nette Lok, aber eben doch nur eine Rangierlok, die im Großbetrieb ihre Dienste auf Verschiebebahnhöfen tat. Von den Bahnsteigen her oder gar im Streckenbetrieb ist sie nicht bekannt. Dabei gab es bei der Deutschen Reichsbahn eine ganze Reihe an stattlichen Personen- und Güterzuglokomotiven, die sich zum Nachbau als Modell hervorragend geeignet hätten. Aus für uns unerfindlichen Gründen hat Märklin diesen Sachverhalt für die Spurgröße 0 (auch für die alte Spur 1) nicht beachtet.

Es gibt zwar eine ganze Reihe teils sehr imposanter E-Lok-Modelle nach Schweizer Vorbild, etwa die „S" („Gotthardt"), „RS", „HS" (Ae3/6) und vor allem die „CCS" („Krokodil"). Ein Modell nach dem Vorbild einer deutschen E-Lok sucht man hingegen vergebens im damaligen Angebot. Da konnte man Abhilfe schaffen und Versäumtes nachholen.

Wir beschäftigten uns zunächst mit der E 17. Diese E-Lok mit der Achsfolge 1'Do1' war von der Deutschen Reichsbahn als Schnellzuglok geplant und wurde 1927 an die AEG und die SSW (Siemens-Schuckertwerke) in Auftrag gegeben. Zwischen 1928 und 1930 wurden 38 Exemplare der E 17 ausgeliefert und in Dienst gestellt. 28 davon waren nach dem Krieg noch im Einsatz, davon 26 bei der Bundesbahn. Das letzte Exemplar (117 106) wurde 1980 ausgemustert. Zwei Stück der E 17 blieben für Museen erhalten, die E 17 103 und die E 17 113.

1960/61 wurde ein Teil der Maschinen modernisiert. Am auffälligsten war hierbei jeweils eine zweite Lüfterreihe an beiden Seitenwänden. Diese Lüfter dienten der zusätzlichen Kühlung, die vor allem für den Betrieb im bayerischen Bergland erforderlich war.

Wir bauten für die Spur 0 die E 17 in zwei Versionen: die ursprüngliche Ausführung für die Reichsbahn in blaugrauer Farbgebung und die Variante nach der Modernisierung, mit zwei zusätzlichen Lüfterreihen, in chromoxidgrün. Abweichend vom Vorbild wählten wir den Antrieb durch zwei Motoren, die jeweils in einem Drehgestellrahmen untergebracht sind. Dies war der Kurvengängigkeit wegen erforderlich, so durchläuft die Maschine problemlos den 120er-Kreis. Der typische Gitterrahmen blieb dabei erhalten.

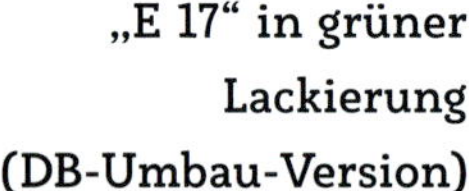

„E 17" in grüner Lackierung (DB-Umbau-Version)

oben: „E 17“ in grauer Reichsbahn-Version

links: „E 17“ in grün

V
E 17 121

E 17 – der Jugendtraum

Einem unserer Kunden war ganz besonders daran gelegen, eine E 17 von uns zu erhalten. Er lebte in den 1930er-Jahren im Umland von München und fuhr von dort an jedem Schultag mit der Bahn in die Metropole, wo er ein Gymnasium besuchte. Die Zugmaschine war jeweils eine E 17. Diesen kräftigen Koloss hat er regelmäßig bestaunt.

Zu Hause besaß er eine Spur-0-Anlage von Märklin mit etlichen Lokomotiven. Sehr zu seinem Bedauern war aber kein zur Anlage passendes Modell der E 17 auf dem Markt erhältlich. Am ehesten passte nach seinem Gutdünken die „HS 66/12920“ (bzw. „HS 70/12920“ für Gleichstrom) von Märklin. Eine solche „HS“ hat er dann schließlich zu Weihnachten bekommen. Allerdings handelte es sich bei diesem Modell um eine Nachbildung der „Ae 3/6“ der Schweizerischen Bundesbahn. Die Ae 3/6“ hat die Achsfolge 2'C1', also 3 Treibachsen jeweils mit dem für diese Lok typischen Buchli-Antrieb, während die E 17 über 4 Treibachsen mit Federtopfantrieb verfügte. Der Unterschied zwischen beiden Lokomotiven war also schon erheblich, doch die Proportionen passten in etwa.

Unser Kunde, von dem hier die Rede ist, pflegte seine Spur-0-Anlage über die Jahrzehnte hinweg, er beschäftigt sich noch heute mit ihr. Nachdem er unser Modell der E 17 gesehen hatte, wollte er unbedingt ein solches haben, natürlich in der grauen Ausführung der Reichsbahn, so wie die Loks, die ihn seinerzeit auf den Weg in die Schule gebracht haben. Als die Maschine fertig war und wir sie ihm übergaben, nahm er diese wie ein Baby in den Arm und meinte: „Jetzt musste ich beinahe 90 Jahre alt werden, bis mein Jugendtraum endlich in Erfüllung ging.“ Er hatte dabei feuchte Augen.

E 16

Das Märklin Modell des Schweizer Vorbilds Ae3/6 mit Buchli-Antrieb wurde bereits erwähnt. Es gibt eine einzige E-Lok-Baureihe aus der Reichsbahnzeit, die ebenfalls mit Buchli-Antrieb ausgestattet war: die Baureihe E 16. Mit dieser Lokomotive beschäftigten wir uns als nächstes.

Die E 16 war für den Schnellzugdienst speziell auf bayerischen Strecken geplant. Mit der Herstellung wurden die Firmen Krauss (Mechanischer Teil) und BBC (elektrischer Teil) beauftragt. Die Achsfolge ist 1'Do1'. Die ersten 10 Maschinen wurden 1926 in Dienst gestellt und zunächst noch mit dem bayerischen Nummernschema aus der Länderbahnzeit versehen, sie liefen unter der Bezeichnung ES1. Später wurden sie umbenannt in E 16. Im Jahr 1927 folgten weitere 7 Maschinen. 1932 und 1933 folgten nochmals 4 Maschinen in überarbeiteter Version. Insgesamt gab es also 21 Lokomotiven dieses Typs. Drei dieser Maschinen fielen dem Krieg zum Opfer, die übrigen 18 taten bis in die 1970er-Jahre ihren Dienst. Das letzte Exemplar (116 009) wurde im Januar 1980 ausgemustert.

Nach dem Farbschema der Reichsbahn hätten die Lokomotiven dieser Baureihe einen blaugrauen Anstrich erhalten sollen, das Farbschema aus der Länderbahnzeit sah jedoch eine braune Farbgebung vor. Es wird berichtet, die Bayern hätten sich von der Reichsbahndirektion die Genehmigung eingeholt, die Loks braun lackieren zu dürfen, bis die Bestände an brauner Farbe aufgebraucht seien. Offenbar war der Vorrat an brauner Farbe gewaltig, nur wenige Exemplare erhielten Ende der 1930er-Jahre den blaugrauen Einheitslook. Bei der Bundesbahn wurden die Maschinen dann umlackiert in grün, zunächst flaschengrün, in den 1960er-Jahren dann in chromoxidgrün.

Bei unseren Spur-0-Modellen beschränkten wir uns auf die frühe braune Lackierung und auf die flaschengrüne der Bundesbahnzeit. Die typische Verkleidung des Buchli-Antriebs haben wir nachgebildet, ansonsten aber – wie bei der E 17 – zwei drehbar gelagerte Motoren gewählt, damit die Maschinen problemlos die Kurven durchlaufen.

„ES 1“ (später „E 16“) in brauner Farbgebung

Die „E 16“ in „bayerisch braun“

„E 16“ in der grünen Lackierung der Bundesbahn

„E 75" (DB-Version) in grüner Lackierung

E 75

Jetzt hatten wir zwei stattliche E-Lok-Modelle für die Spur 0, eine mit Federtopf-, die andere mit Buchli-Antrieb. Um die Sache abzurunden, würde noch ein Modell mit Stangenantrieb passen. Wir fassten die BR E 75 ins Auge.

Das Vorbild war von der Reichsbahn als verbesserte Ausführung der bereits vorhandenen BR E 77 für den Personen- und Güterzugdienst in den 1920er-Jahren geplant. Die vorgesehene Achsfolge war 1'BB1'. Die erste Indienststellung war 1927. Insgesamt wurden 31 Lokomotiven dieses Typs gebaut. Mit dem Bau beauftragt wurden eine ganze Reihe von Firmen. Das Einsatzgebiet der Lokomotiven war hauptsächlich in Bayern.

Nach dem Krieg kamen noch 22 Exemplare dieses Typs zur Bundesbahn und taten dort zum Teil bis in die 1970er-Jahre ihren Dienst. Die letzte Ausmusterung war 1972. Das einzige fürs Museum erhaltene Exemplar wurde 2005 in Nürnberg ein Opfer der Flammen, ist inzwischen aber wieder hergestellt.

Entsprechend dem Farbschema der Reichsbahn waren die Lokomotiven der E 75 zunächst blaugrau lackiert. Der Bestand der Bundesbahn erhielt in den 1950er-Jahren einen flaschengrünen Anstrich. Wir fertigten beiden Farbvarianten.

„E 17" in grau (Reichsbahn-Version)

Personenwagen für E 16/E 17

Eine Lokomotive macht noch keinen Zug, dazu braucht es unbedingt auch passende Wagen. Für den Personen- und den Güterzugdienst gibt es hinreichend Möglichkeiten aus der Märklin Produktion und der verschiedenen Replika-Hersteller. Doch speziell für die Modelle der E 16 und der E 17, die ihren Dienst vornehmlich in Bayern taten, fehlte es an passenden Schnellzugwagen. Wir wählten zwei Arten 4-achsiger Schnellzugwagen der frühen 1930er-Jahre, nebst jeweils dazu passendem Gepäckwagen. Einer der Wagensorten gaben wir eine flaschengrüne Farbe, der anderen die frühe Lackierung des Karwendel-Express', nämlich hellblau/dunkelblau. In dieser Lackierung verkehrte der Zug um 1930 zwischen München und Innsbruck. Die Reichsbahn versuchte es auch mit der Lackvariante blau/creme, ähnlich der des „Rheingold". Leider neigten diese attraktiven Farbgebungen sehr zur Verschmutzung, weshalb man noch in den 1930er-Jahren zur gewöhnlichen flaschengrünen Farbe wechselte. Sowohl die E 16, als auch die E 17 kamen zur Traktion des Karwendel-Express' in Einsatz.

Personen- und Packwagen für den Karwendel-Express

Personen- und Packwagen in Flaschengrün

FE-Zug

Der Gedanke „Was wäre, wenn“ beschränkt sich nicht nur auf die Weiterentwicklung der Spur 0 nach dem Krieg. Er kann durchaus auch in den Reigen früher Produktion eingreifen. Um 1906 stellte Märklin das Modell einer 2'B-Dampflokomotive mit der Bezeichnung „FE“ vor. Die stattliche Maschine gab es in den Spurgrößen 1 und 2, dabei waren die Gehäuse identisch, lediglich die Fahrwerke und die Drehgestelle des 4-achsigen Tenders unterschieden sich entsprechend der Spur (siehe auch S. 18). Dies ist ein Beispiel dafür, dass in der frühen Zeit der Maßstab und die Spurgröße nicht streng gekoppelt waren. Es gab die Maschine in allen drei Antriebsarten: mit Uhrwerk, Dampf und elektrisch. Für die Spur 0 gab es die „FE“ jedoch nicht. Der Grund dafür könnte sein, dass es in jener Zeit keine passenden Schnellzugwagen gab. Die 4-achsigen Wagen aus der 1800er-Serie hatten eine Länge über Puffer von nur etwa 17,5 cm, sie hätten an der „FE“ in Spur 0 etwas zu pummelig gewirkt.

Auch hier sahen wir eine Aufgabe, Versäumtes nachzuholen und so bauten wir die „FE“ für die Spur 0. Wir orientierten uns an den üblichen Maßstäben, 1:32 für Spur 0 und 1:45 für Spur 1. Damit bekam unsere Spur-0-„FE“ eine Länge über Puffer von rund 43 cm, das Märklin Modell in Spur 1 misst rund 60 cm. Betrieben wird die Lok, wie alle unserer Replika- und WWW-Modelle entsprechend der 70er-Schaltung mit 20-Volt-Gleichspannung.

Freilich gilt auch hier, dass erst zusammen mit passenden Wagen eine Lok zum Zug wird. Wir wählten die 4-achsigen blauen Süd-Express-Wagen mit Mitteleinstieg und einen dazu passenden Packwagen als Vorbild. Mit einer Länge von ungefähr 27 cm passen sie hervorragend zu unserer „FE“.

„FE“ in der Spurgröße 0 …

... mit passenden Wagen

ETA 177

Vor allem in den ersten Jahrzehnten hat es Märklin ganz ausgezeichnet verstanden, aus wenigen Halbzeugen viele verschiedene Fertigprodukte zu schaffen. So wurde z.B. das sehr aufwendige Prägewerkzeug für Bahnhofswände mit Mauersockel über rund 20 Jahre hinweg für eine ganze Reihe von Bahnhöfen verwendet, die aber trotzdem erstaunlich verschieden wirken.

Auch beim Bau von Lokomotiven verwendete Märklin dieses kaufmännisch sehr kluge Prinzip. So fanden etwa die Seiten- und Stirnwände der ersten Ausführung der „HS“ (Stangen-HS) mit Achsfolge 2'C1' auch bei der 2-achsigen „RS 65“ Verwendung. Trotzdem wirken bei oberflächlicher Betrachtung die beiden Modelle ganz verschieden. Über die Prägewerkzeuge für die „HS“ verfügen wir und wir hatten nach einer ähnlichen Überlegung ja bereits das Modell „RR“ mit der Achsfolge 1'B1' gebaut. Jetzt kamen wir auf den Gedanken, mit Hilfe dieser Werkzeuge ein neues Modell zu schaffen. Sehr geeignet erschien uns der Triebwagen „ETA 177“.

„ETA“ steht für Elektro-Triebwagen-Akku. Entwicklung und Bau wurden von der Preußischen Staatseisenbahn in Auftrag gegeben. Der Einsatz war vor allem für das preußische Flachland und den Großraum Berlin gedacht. Zwischen 1908 und 1923 wurden in vier Serien 163 Exemplare gebaut. Der Triebwagen bot bis zu 106 Fahrgästen Platz. Die erste Serie hatte eine Reichweite von rund 100 km, diese hatte sich bei der 4. Serie auf rund 300 km erhöht. Nach Abschluss der Bauzeit wurde die Akku-Technik weiterentwickelt und bei einer Versuchsfahrt wurden schließlich 400 km erreicht.

Man sieht, Mobilität mit Akkumulatoren ist keine Entwicklung der Jetztzeit, es wurden vor rund 100 Jahren schon beachtliche Laufleistungen erzielt.

Bereits nach Ende des Ersten Weltkriegs ging eine größere Anzahl dieser Triebwagen an die Polnische Staatsbahn. Die nach dem zweiten Weltkrieg noch erhaltenen Exemplare wurden von der Bundesbahn wieder hergerichtet, der letzte „ETA" wurde 1964 ausgemustert. In Deutschland ist kein einziges Stück erhalten. In Polen kann noch ein Exemplar besichtigt werden, dieses ist jedoch nicht mehr betriebsfähig.

Es gab den „ETA 177" in verschiedenen Lackiervarianten. Uns hat die rot/creme-Lackierung der Reichsbahn am besten gefallen. Diese Farbkombination haben wir gewählt.

Von den WWW-Modellen der Spurgröße 0 haben wir jeweils nur sehr kleine Stückzahlen hergestellt. Wir haben diese auch nie etwa auf Prospektblättern oder gar im Internet auf unserer Homepage beworben. Die wenigen Stücke blieben alle im engen Freundeskreis der Sammler und Spieler.

WWW-Modelle in der Spurgrösse 00 (H0)

Mini-Gotthard

In den späten 1920er-Jahren stellte Märklin ein Modell der Schweizer „Gotthard-Lok" für die Spurgrößen 0 und 1 in brauner Farbgebung vor. Zu der Zeit gab es die Spur 00 (H0) noch nicht. Dieses Modell erschien uns aber sehr geeignet auch für die kleine Spur. Daher bauten wir in sehr kleiner Stückzahl eine solche „Mini-Gotthard" in Weißblech-Manier.

„Mini-Gotthard S 800" in grüner und brauner Ausführung

FE-Zug

Für die Spur 0 bauten wir einen „FE-Zug“ mit „Süd-Express“-Wagen. Dieser gefiel uns so gut, dass wir ihn auch für die Spur 00 (H0) aus Weißblech herstellten. Als Nostalgie-Zug macht er sich auf jeder Anlage gut.

327
CHARLES C. MACRAE

TK

Ebenfalls für die Spur 0 hatten wir ja bereits zwei Modelle der britischen 2'C2' „STEPHENSON“ und „CHARLES C. MACRAE“ als Replika gefertigt. Auch diese beiden Lokomotiven bauten wir für die Spur 00 (H0) und bestückten sie mit 4-achsigen Wagen von Märklin, die mit einer passenden Lackierung und von uns gefertigten Dächern im britischen Stil einen authentischen Zug ergaben.

Grüne „TK 800“ mit Wagen in der Spur 00 (H0)

← Bonn
Köln - Bonner
Eisenbahner
II
III
501

RHU 800

Dreiteiliges Modell der Köln-Bonner-Rheinuferbahn in der Spur 00 (H0). Das Modell wurde von uns aus Weißblech gefertigt. Als Antrieb dient ein modifizierter Motor der „V 100“ (3072). Von Märklin wurde diese Straßenbahn ausschließlich in der Spurgröße 1 angeboten.

NEUE LACKIERUNGSIDEEN

Die Aufbauten und die Rahmen der 4-achsigen Schnellzug- und Gepäckwagen der Serien 346 und 348 fertigte Märklin in den 1950er-Jahren aus unverzinntem Eisenblech (die Rahmen zum Teil auch aus Aluminium-Blech). Daher neigen die Aufbauten dieser Wagen zu Rosterscheinungen unter der Farbe.

Restaurieren im Sinne von „den ursprünglichen Zustand wiederherstellen" kann man diese Wagen nicht. Sie sind nämlich nicht lackiert, sondern chromlithographiert. Dabei wird das Blech in flachem Zustand bedruckt und erst anschließend in Form gebracht. In schlechtem Zustand sind solche Wagen in großer Stückzahl vorhanden und zum Wegwerfen viel zu schade. Daher beschlossen wir, solche Wagen in Varianten umzulackieren, die von Märklin so nie angeboten wurden. Damit aus solchen Wagen Züge wurden, wählten wir jeweils eine passende Lokomotive aus dem Märklin Programm und gaben auch dieser eine entsprechende Lackierung.

Dieser Bereich oblag von Anbeginn primär Sohn Elmar. Im Folgenden seine Ausführungen:

Schon sehr früh hat mich die Idee fasziniert, neue Farbvarianten für bestehende Lokomotiven und Wagen zu schaffen. Leider ließ die neben meinem Studium zur Verfügung stehende Zeit in der Firma kaum Gelegenheit, kreative Ideen zu verwirklichen.

Im Jahr 2000, nach bestandenem Examen, stieg ich in Vollzeitbeschäftigung in den elterlichen Betrieb ein. Voller Tatendrang wollte ich nicht nur die vollen Auftragsbücher abarbeiten, sondern auch Neues schaffen und eigene Ideen verwirklichen.

Rheingoldzüge

Anlässlich des Münchner Spielzeugmarktes in Planegg bei München kam ein Kunde mit dem Wunsch auf uns zu, ihm Züge in „Rheingold"-Lackierung zu liefern. Schnell war klar, dass sich für ein solches Vorhaben die Wagen der Serien 346 und 351ff sowie die Lokomotiven „SK 800" und „F 800" als Basis eignen. Um dieses Vorhaben aber wirtschaftlich darstellen zu können, benötigten wir eine größere Anzahl an Lokomotiven und Wagen. Nur so war es möglich, die Kosten für die Lackierung, die Erstellung der erforderlichen Druckplatten und die Bedruckung selbst in eine vernünftige finanzielle Größenordnung zu bringen.

Das wäre mit zwei oder drei Zügen nicht machbar gewesen. Natürlich betraten wir mit diesem Projekt auch Neuland. Zwar hatten wir Erfahrungswerte mit unserer „E 800" und deren Schwesterlokomotiven (siehe Kapitel „Replika"), aber dieses Projekt war eben anders, da es für die geplanten Züge kein historisches Vorbild der Firma Märklin in der Spurweite 00 (H0) gab. Wie würde der Markt solche Züge aufnehmen? Konnte überhaupt eine nennenswerte Zahl von Zügen abgesetzt werden? Letztlich war jede Überlegung am Ende Theorie. Also blieben uns zwei Alternativen: Ausprobieren oder bleiben lassen. Ein Unternehmer ist aber nun mal kein Unternehmer, wenn er nichts unternimmt. Also entschieden wir uns, das Projekt „Rheingold" in Angriff zu nehmen.

Die erste Aufgabe bestand nun darin, geeignetes „Rohmaterial" am Markt zu erwerben. Wichtig war, dass sowohl die Lokomotiven als auch die Wagen substanziell gut erhalten sein mussten, also keine irreparablen Beschädigungen aufweisen durften. Gleichwohl musste der Erhaltungszustand aber so sein, dass die Stücke nicht mehr sammelwürdig waren. Die Stücke durften bzw. sollten sogar stark bespielt sein, so dass durch die geplante Sonderlackierung Werte geschaffen werden konnten. Selbstverständlich war es nicht damit getan, die

Lokomotiven und Wagen nur neu zu lackieren. Sämtliche Lokomotiven und Wagen wurden von uns komplett zerlegt, alle Teile vollständig neu lackiert und die Technik der Lokomotiven komplett überarbeitet und instandgesetzt. Die Puffer und Cellonscheiben der Wagen ersetzten wir gegen Replika aus unserer Fertigung. Die weiteren Anbauteile wurden gereinigt und überarbeitet bzw. wo notwendig auch ersetzt. Schließlich sollten die Züge perfekt sein. In einer ersten Auflage „fertigten“ wir 30 Züge, bestehend aus einer „SK 800“ sowie vier Wagen der Serie 351. Die Wagen lackierten wir, analog den von Märklin in der Spurweite 0 hergestellten Wagen der 24,5-cm-Serie, in den Farben violett/beige, mit in goldener Farbe gedruckten Beschriftungen. Die Lokomotive boten wir alternativ in schwarz oder, passend zu den Wagen, in violett/schwarzer Lackierung an. Als zweiten Zug boten wir die „F 800“ mit vier Wagen der Serie 346 an. Bei diesem Set lackierten wir die Wagen in blau/beige und versahen sie ebenfalls mit gedruckten Beschriftungen in goldener Farbe und lackierten die Lokomotive in blau/schwarz. Um das Sortiment abzurunden boten wir noch eine „RM 800“ mit vier Wagen der Serie 341ff an. Dieses Set lackierten wir analog zur „SK 800“ mit den zugehörigen Wagen der Serie 351ff. Vor allem bei den beiden violett/schwarz lackierten Lokomotiven „SK 800“ und „RM 800“ waren wir uns nicht sicher, ob die Farbgebung vielleicht zu gewagt sein könnte. Daher das Alternativangebot mit jeweils schwarzen Lokomotiven. Die Resonanz unserer Kunden auf die violetten Lokomotiven war überwältigend. Bis auf ganz wenige Ausnahmen wurden die Züge mit den passend zu den Wagen lackierten Lokomotiven bestellt. Die gesamte erste Auflage war rasch ausverkauft und wir mussten weitere Züge aufarbeiten, um die Nachfrage befriedigen zu können.

Natürlich beflügelte uns der Erfolg und wir planten weitere Sonderlackierungen. Was aber noch viel interessanter war, ist, dass wir viele Rückmeldungen von Kunden bekamen mit konkreten Wünschen nach Lackierungsvarianten.

oben: „F 800“ mit Schürzenwagen in blauer „Rheingold“-Lackierung

unten: „RM 800“ mit Wagen der Serie 341 bis 344 in violetter Farbgebung

„SK 800“ mit Wagen der Serie 351 bis 354 in violetter „Rheingold“-Version

RHEINGOLD
MÄRKLIN

Österreichischer Zug

So wurde der Wunsch an uns herangetragen, einen österreichischen Zug aufzulegen. Als Lokomotive sollte die „E 18“ dienen, die in Anlehnung an ein von der BBÖ (später ÖBB) 1952 lackiertes Exemplar in den Farben hellgrün/dunkelgrün lackiert sein sollte. Dazu passend wählten wir die Schürzenwagen der Serie 346, ebenfalls in gleicher Farbgebung lackiert.

E 1835

Le Capitole

Am 28.05.1967 nahm der neu gestaltete „Le Capitole" die fahrplanmäßige Verbindung zwischen Paris und Toulouse auf und erreichte dabei die für Teile dieser Strecke erstmalig maximal zulässige Geschwindigkeit von 200 km/h. Dieser imposante Zug, der sich von seinem 160 km/h schnellen Vorgänger schon durch seine leuchtend rote Farbgebung unterschied, ist bis heute legendär und zählt zu den schönsten Zügen der SNCF (Société nationale des chemins de fer français). Aber wie würde dieser Zug aussehen, wenn man die Lokomotive gegen eine Bullaugenlokomotive austauscht und dieser das rote Farbkleid der BB 9200 verpasst? Diese Frage haben wir mit unserem „Le Capitole"-Zug auf Basis der „SEF 800" und den Schürzenwagen beantwortet.

„Le Capitole" mit Bullaugenlokomotive im Rot der „BB 9200"

Portugiesischer Zug

Ein portugiesischer Arzt hatte in den 1940-Jahren des vergangenen Jahrhunderts die Idee, die „SK 800“ von Märklin komplett nachzubauen. Dieses Vorhaben hat er auch verwirklicht und einige Lokomotiven, die der „SK 800“ verblüffend ähnlich sind, komplett selbst hergestellt. Lediglich die Lackierung wich deutlich von den von Märklin hergestellten Lokomotiven ab. Er lackierte diese in einem gebrochenen Silberton, kombiniert mit einem helleren Grün. Ein Kunde aus Portugal brachte uns eine solche Lokomotive mit der Bitte, diese technisch wieder instand zu setzen. Die elegante Erscheinung dieser Lokomotive ließ in uns den Entschluss reifen, auf Basis der „SK 800 N“ bzw. „3007“, zusammen mit Wagen der Serie 346 einen portugiesischen Zug zu schaffen. Das etwas „giftig“ wirkende Grün ersetzten wir durch ein sehr vornehmes Schwarzgrün. Die Wagen lackierten wir passend zur Lokomotive und versahen sie mit portugiesischer Beschriftung.

unten: Variante in roter Lackierung

MÄRKLIN

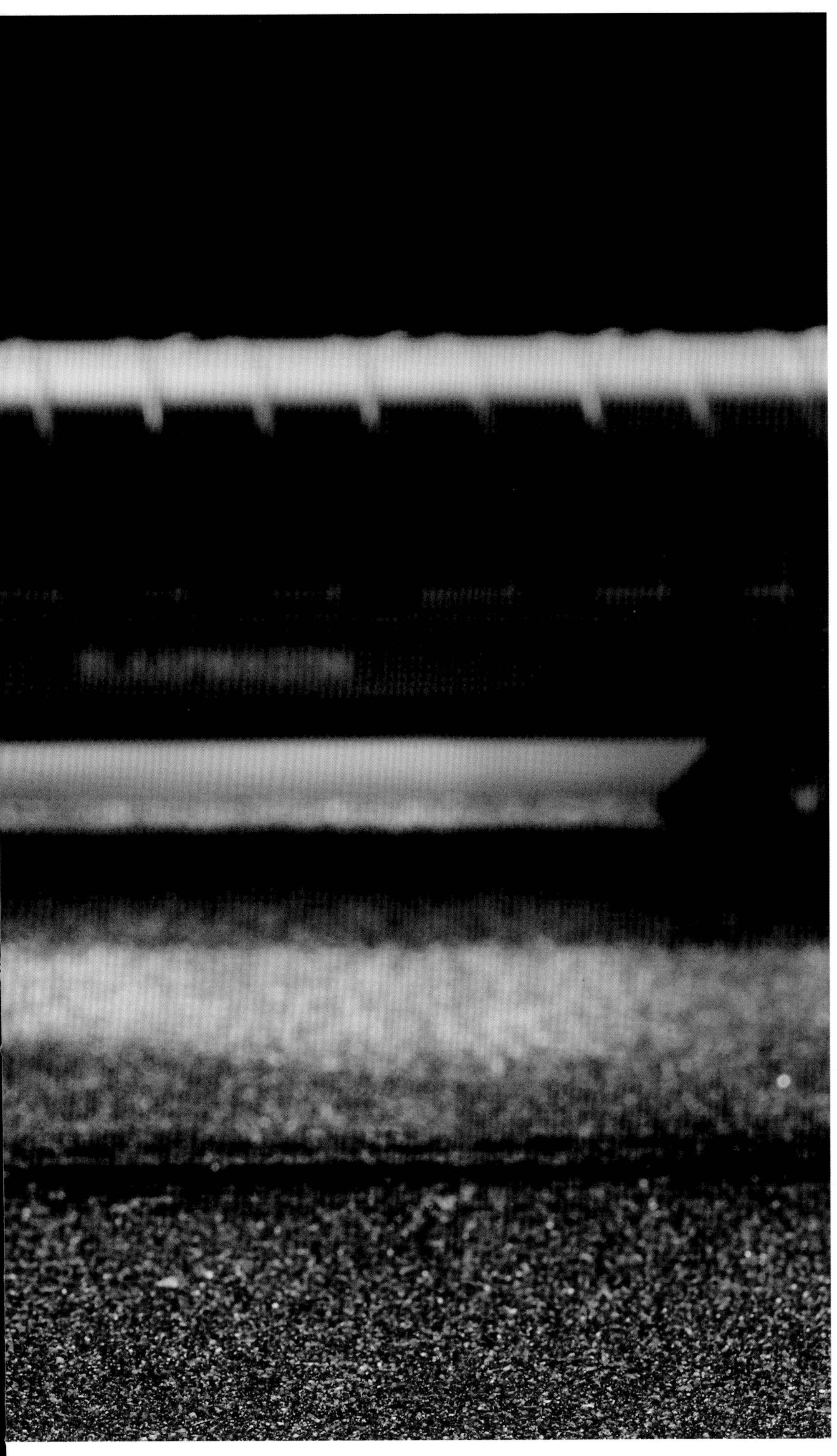

Niederländischer Zug

Angeblich sei es die Frau des Bahnchefs der Niederländischen Eisenbahn gewesen, die ihren Mann mit der Idee konfrontierte, die Züge der „Nederlandse Spoorwegen N.V." ein wenig aufzufrischen und in einem modernen Türkis zu lackieren. Mit dieser Idee konnte sie offensichtlich nicht nur ihren Mann begeistern, sondern fand auch die Zustimmung aller anderen zuständigen Gremien innerhalb der niederländischen Eisenbahn. Sicher ist, dass einige Züge Anfang der 1950er-Jahre einen türkisfarbenen Anstrich bekamen. Leider zeigte sich aber, dass diese Farbgebung wenig praxistauglich war, da sie sich als übermäßig schmutzempfindlich erwies. So kam es, dass die umlackierten Züge bereits nach kurzer Zeit wieder zurück in ihre Ursprungsfarbgebung lackiert wurden. Die Firma Märklin bot die türkisfarbene Bullaugenlokomotive unter der Katalogbezeichnung „SEWH 800" zwischen 1952 und 1954 an. Die kurze Ära der türkisfarbenen Züge in den Niederlanden mag der Grund dafür sein, dass die Lokomotive nach so kurzer Zeit wieder aus dem Programm genommen wurde. Es erklärt möglicherweise auch, weshalb es nie passende Wagen für das Modell der „SEWH 800" gab. Diese Lücke zu schließen war unser Ziel, als wir auf Basis der Schürzenwagen passende Wagen zur „SEWH 800" lackierten, so dass die seit Jahrzehnten einsamen Lokomotiven zu kompletten Zügen vervollständigt werden konnten.

Karwendel-Express

Im Jahr 1904 wurde in einem bayerisch-österreichischen Staatsvertrag eine eingleisige Bahnverbindung zwischen München und Innsbruck über das Karwendelgebirge beschlossen. Ab dem Jahr 1913 war diese Strecke durchgehend elektrifiziert und konnte von durch Elektrolokomotiven gezogenen Zügen befahren werden. Die elegante Farbgebung der Wagen in ihrer frühen Ausführung, mit zweifarbigem Wagenkasten in dunkelblau/hellblau, machte die Züge des Karwendel-Express' zu einem der attraktivsten Züge Europas. Unter Verwendung der Schürzenwagen der Serie 346 fertigten wir Modelle dieses eleganten Zuges. Als Lokomotive diente die „E 18" des Modells „3023", die wir alternativ in der grauen Lackierung der Reichsbahn oder, passend zu den Wagen, zweifarbig lackiert anboten.

Pw40
31.5t
Wsbr
Ladegew 80t
ragfl 84t
Ladefl 25.4m²
17.40m

Bella Italia

Was wäre, wenn die Entscheidungsträger der italienischen Eisenbahn sich mit den Verantwortlichen der niederländischen Eisenbahn auf den Erwerb einiger sog. Bullaugenlokomotiven geeinigt hätten und die neuen Eigentümer diese im klassisch italienischen hellbraun/dunkelbraun lackiert hätten? Zuviel Konjunktiv, ist man zunächst geneigt zu sagen. Es geht hier aber um eine Spielzeugeisenbahn und die Freude an dieser. Erlaubt ist daher, was gefällt. Das Ergebnis der Umsetzung dieses Gedankenspiels fand im Kreis unserer Kunden jedenfalls große Zustimmung.

„SEF 800“ mit Schürzenwagen in italienischer Lackierung

oben: Klassisch gelber Bauzug

unten: Ein Gleiswagen

Bauzug

Bauzüge waren und sind oft bunte Vertreter verschiedener Lokomotiven und Wagen. Schließlich wurden oft ausrangierte Fahrzeuge wieder instandgesetzt und umgerüstet, um sie den Anforderungen ihres neuen Aufgabenbereichs anzupassen. Verschreibt man sich der Instandsetzung nostalgischer Spielzeugeisenbahnen, so liegt die Umrüstung ausrangierter Lokomotiven und Wagen zu Bauzügen jedenfalls nicht allzu fern.

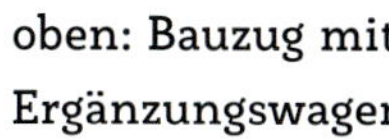

oben: Bauzug mit Ergänzungswagen

links: Bauzug-Kranwagen mit Stützwagen

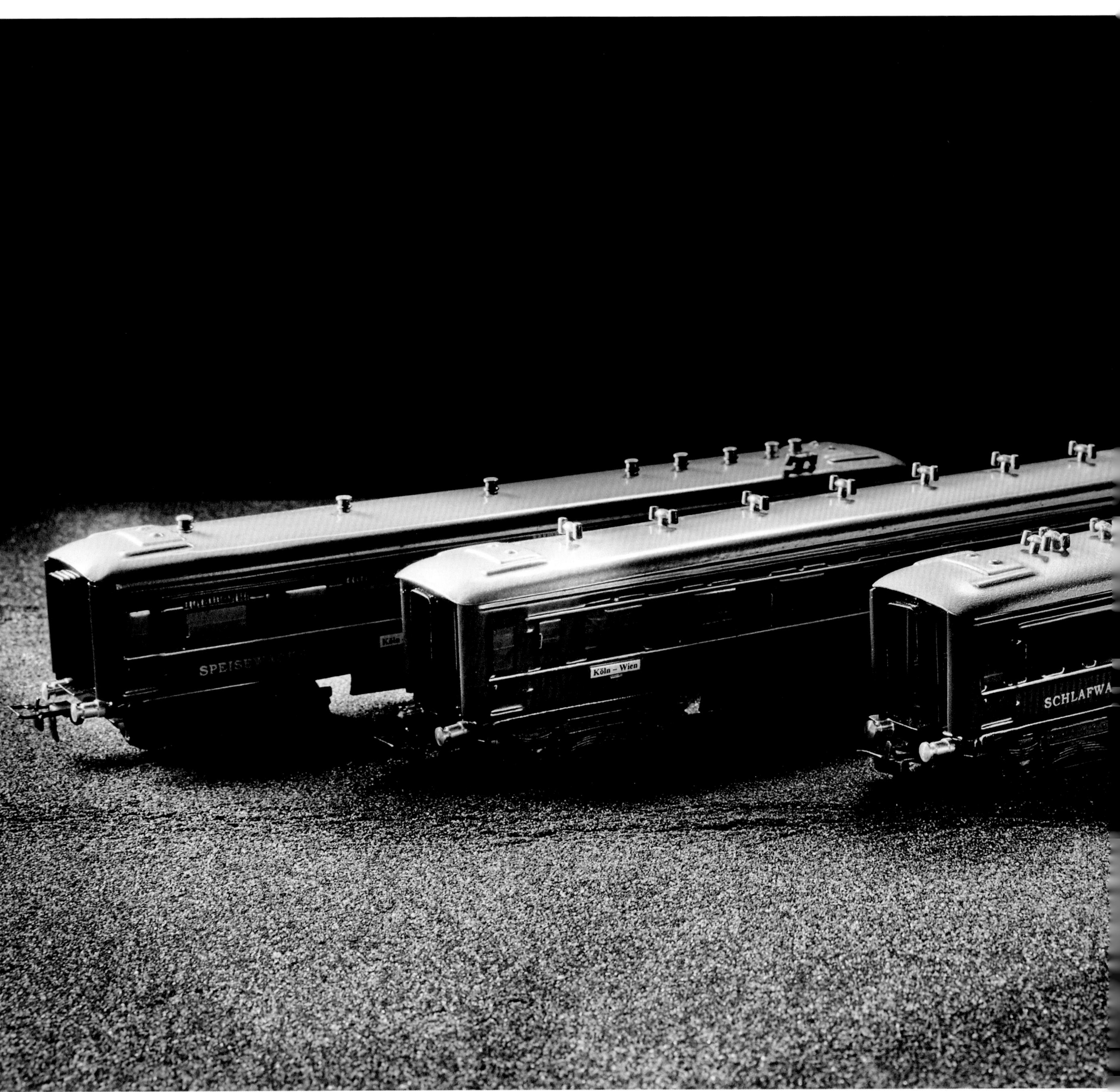
Köln – Wien

Teakholzwagen

Bereits vor Jahrzehnten hatte Märklin in den Spurgrößen 0 und 1 elegante Reisezugwagen im Programm, deren Vorbild aufwendig gefertigte und sehr elegante Teakholzwagen waren. Die Holzstruktur brachte Märklin durch Lackier- und Drucktechnik auf die Wagenkästen auf. In der kleinen Spurweite 00 (H0) waren solche leider nicht mehr im Sortiment. Jedenfalls nicht in den Produktionsjahren, mit denen wir uns beschäftigen. Ein idealer Wagen für eine Sonderedition dieser eleganten Wagen sind die der Serie 351 bis 354.

Im Schienenbus durch Italien

Brescello, eine kleine Ortschaft in der Region Emilia-Romagna, eine kleine Kirche und zwei Protagonisten, die in den 1950er-Jahren die Filmlandschaft bereicherten. Aber warum wurde den beiden kein angemessenes Schienenfortbewegungsmittel zur Verfügung gestellt? Als Antwort auf diese (zugegebenermaßen nie gestellte) Frage haben wir einen Schienenbus auf Basis des „DB 800“ in italienischer Farbgebung kreiert. So hätte Don Camillo sogar die Reise ins Exil genossen.

Vor allem bei den Partnerinnen der Sammler fanden unsere mit echten Rohsteinen bestückten Edelsteinzüge in den Spurgrößen 0 und 00 (H0) sehr reges Interesse. So konnten wir Technisches mit Edlem verbinden.

EDELSTEINE
TURMALIN
EDELSTEINE
ROSENQUARZ

Inzwischen sind Sonderlackierungen ein fester Bestandteil unseres Programms. Es erreichen uns regelmäßig Anfragen von Kunden, die keine Restaurierung wünschen, sondern ihren Stücken gerne eine individuelle Lackierung geben möchten.

Baukasten-LKW 1105 L
in Sonderlackierung mit
Weinfässern

Blechgüterwagen in verschiedenen Lackierungsvarianten

LEIG-Einheit, bestehend aus 310 und 320 S, daneben 324 als „Seefische“

Märklin Replika 19031 der Stromlinienlimousine 1103 St in grau/ blauem Farbgewand

Märklin Replika 19031 der Stromlinienlimousine 1103 St in beige/roter Lackierung

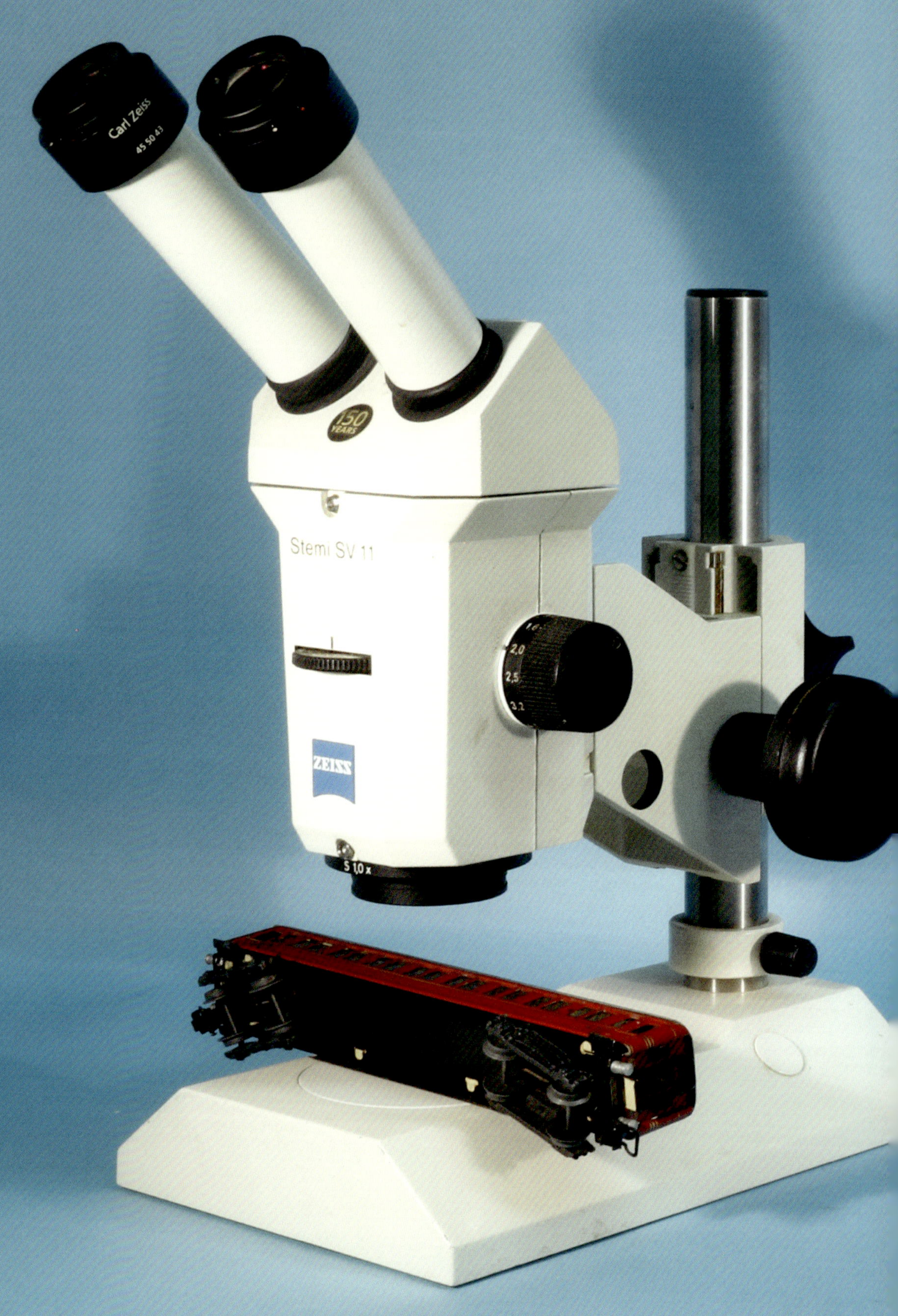

Original oder nicht – oft genügt schon ein Blick durch das Mikroskop

KAPITEL 8

Gutachten

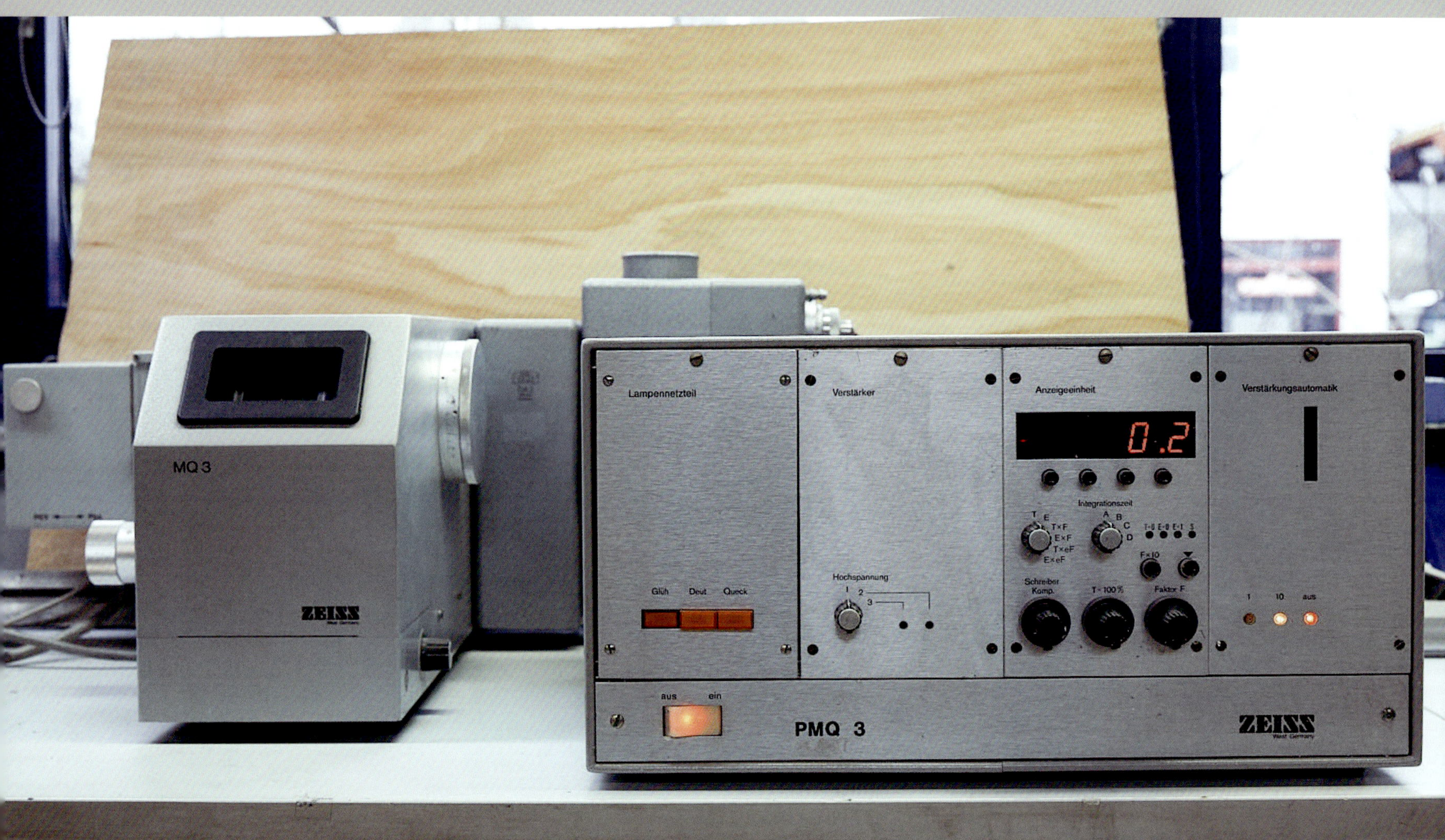

Zeiss Spektralphotometer PMQ

In den späten 1970er-Jahren begann ein wahrer Boom, was das Sammeln alten Spielzeugs, vorderhand alter Eisenbahnen betrifft. 1980 gab es in Deutschland drei Fachauktionshäuser, die sich exklusiv diesem Fachbereich widmeten. Bei solchen Auktionen gab es jeweils auch „Kofferraummärkte" auf den zugehörigen Parkplätzen, bei denen Privatsammler und Händler Waren zum Kauf oder Tausch anboten. In vielen Städten etablierten sich sog. Tauschmärkte in gemieteten Hallen, die den Anbietern mehr Fläche zur Ausstellung ihrer Waren boten und auch Schutz vor den Widrigkeiten des Wetters.

In dieser Zeit herrschte auf solchen Märkten eine wahre Goldgräberstimmung, die Preise wurden oft hitzig ausgehandelt. Orientierung bezüglich der Preise waren Auktionsergebnisse und die gingen von Auktion zu Auktion in die Höhe. Die ersten Sammlerkataloge mit Preisnennungen erschienen. Die dort genannten Preise orientierten sich ebenfalls hauptsächlich an den Ergebnissen der Fachauktionen, andere Vergleichswerte gab es kaum. Von der steilen Preisentwicklung in jener Zeit waren vor allem die Stücke der Spurweite 00 (H0) betroffen. Nicht ganz so heftig war die Entwicklung der Preise in der Spurgröße 0 und in der Spugröße 1 war sie noch flacher. Sammlerstücke aus der Uraltzeit (vor dem ersten Weltkrieg), vor allem auch das Zubehör aus dieser Zeit, war im Vergleich zu heute noch sehr preiswert zu haben. Dies gilt auch für Blechschiffe, Blechautos und für große Dampfmaschinen.

Diese Verschiedenheit der Preise und deren Entwicklung hat mit der Altersstruktur der Liebhaber zu tun. Viele Gespräche mit Sammlerfreunden und mit Kunden lassen den Schluss zu, dass das Motiv, ein altes Stück zu erwerben, sehr oft auf nicht erfüllte Wünsche aus der Kinderzeit zurückgeht. In vorgerücktem Alter machten viele diese Wünsche wahr.

Die Spurgröße 1 gab das Zepter in den 1920er-Jahren an die Spur 0 ab, ab 1938 wurden Lokomotiven und Wagen für Spur 1 von Märklin nicht mehr angeboten. Die Bedeutung der Spur 0 schwand um die Zeit des Zweiten Weltkrieges. Nach dem Krieg begann der Siegeszug der Spur 00 (H0). Stücke für die Spur 0 wurden zuletzt 1954 von Märklin angeboten.

Sehr bald schon tauchten auch die ersten Fälschungen auf. Hauptsächlich ging es dabei um Triebfahrzeuge der Spur 00 (H0), denn deren Preisentwicklung verlief am rasantesten. Da wurde zum Beispiel aus dem 3-teiligen Triebwagen „3025“, der noch günstig zu haben war, ein 2-teiliger Triebwagen „DT 800“ zurecht gefriemelt und passend umlackiert. Vom Mittelteil entfernte man die Klassennummer „1“ und bastelte ein solches für den Triebwagen „ST 800“. Auf diese Weise wurden mehrere hundert Mark „generiert“. Es gab auch weniger zerstörerische Manipulationen. Der Triebwagen „ST 800“ wurde in drei Farbvarianten angeboten: rot/creme, blau/creme und grün/creme. In dieser Reihenfolge nimmt auch die Seltenheit der Versionen und damit deren Preis zu. Ursprünglich rot/creme lackierte Stücke wurden in andere Varianten umlackiert und natürlich als „original“ angeboten. Dies sind nur wenige Beispiele, sehr viele ähnliche könnte man aufzählen.

Von Fälschungen sind jedoch nicht nur Eisenbahn-Triebfahrzeuge betroffen. Passend zu der Modellautoserie „5521“ brachte Märklin 1952 das Modell eines Buicks auf den Markt. Vermutlich hatte man damals die Soldaten der US-Besatzungsmacht im Blick. Das Modell gab es in mehreren Versionen und jeweils in verschiedenen Farben. Mit der Bezeichnung „5521/52S“ wurde der Buick mit einem Aufbau aus Zinkdruckguss angeboten, daneben gab es das Modell noch mit einem Aufbau aus Kunststoff, dieses war im Katalog unter „5521/52P“ gezeigt. Beide Modelle sind selten und werden heutzutage entsprechend hoch gehandelt. Dabei übertrifft die Version aus Kunststoff noch die aus Zink.

Vor etlichen Jahren tauchten auf Sammlerbörsen und auch auf einer Auktions-Plattform im Internet solche Kunststoff-Buicks als Totalfälschungen (Bodenplatte und Aufbau) auf. In einem derartigen Betrugsfall war ich selbst von einem Gericht als Gutachter bestellt. Die Fälschungen sind problemlos als solche zu erkennen, doch der Laie könnte da Schwierigkeiten haben. Von einem ähnlichen Automodell mit der Katalogbezeichnung „5524/1P“, einer Nachbildung des Mercedes 300, ebenfalls mit Kunststoffaufbau sind vergleichbare Fälschungen bekannt.

Zum Glück geht es bei Gutachten vor Gericht nicht nur um Betrugsfälle. Einmal ging es um einen recht hohen Wasserschaden an einer Eisenbahnsammlung, bei dem sich die Versicherung und der Geschädigte nicht einig wurden. Bei anderen Wasserschäden war ich auch schon als Gutachter gefragt, doch gab es in diesen Fällen außergerichtliche Einigungen. Auch in Erbschaftsstreitigkeiten und nach Ehescheidungen wurde ich nach Gutachten gefragt, sowohl vor Gericht als auch ohne Richter. Dabei ging es jeweils um die Wertfindung.

Sehr oft kamen auch Anfragen bezüglich der Feststellung, ob die Lackierung eines Sammlerstücks ursprünglich oder nachträglich aufgebracht war. Um solchen Anliegen gerecht zu werden, habe ich vor Jahren bereits ein Spektralphotometer der Firma Zeiss erworben. Ein fabelhaftes Gerät, mit dessen Umgang ich schon seit Studienzeiten vertraut war. Das Messprinzip sei kurz erklärt. Die Farbe eines Gegenstands im Tageslicht entsteht dadurch, dass dieser manche Lichtanteile absorbiert und andere reflektiert. Die Summe des reflektierten Lichts macht die Farbe aus. Die Lichtanteile, von denen hier die Rede ist, kann man z.B. durch deren Wellenlänge unterscheiden. Diese wird in Nanometern (nm) gemessen. Der sichtbare Bereich reicht von ungefähr 400 nm (violett) bis zu ungefähr 800 nm (rot). Dazwischen liegen alle anderen Farben des Spektrums. Ein Photometer kann jetzt praktisch für jede Wellenlänge den absorbierten, bzw. den reflektierten Anteil messen. Das Ergebnis lässt sich z.B. graphisch als Kurve zeichnen. Deren Verlauf ist jeweils charakteristisch für den vorliegenden Farbstoff oder das Farbstoffgemisch. Zur Feststellung „original oder nicht“ braucht es freilich jeweils eine Referenzmessung.

Wenn Originalstücke über einen längeren Zeitraum produziert wurden, kommt es auch zu Abweichungen im Gemisch der Farbpigmente. Die jeweils zugehörigen Referenzmessungen zeigen dann natürlich Unterschiede. Mit etwas Übung fällt die Beurteilung nicht schwer.

Über die Jahrzehnte weg hat sich die Beschaffenheit der Farbpigmente geändert. Viele Pigmente aus früher Zeit werden heutzutage nicht mehr verwendet. Man kann zwar den Farbton eines alten Stücks mit heute verfügbaren Farben so gut mischen, dass das bloße Betrachten Gleichheit vortäuscht. Die Erstellung einer Messkurve zeigt jedoch in der Regel den Unterschied. In diesem Zusammenhang ist es von Bedeutung, dass die Lichtarten im Tageslicht weit über den sichtbaren Bereich hinausgehen. Unterhalb der kurzwelligen Grenze des Sichtbaren (400 nm) liegt das Ultraviolett. Über der Obergrenze (800 nm) folgt das Infrarot. Der Messbereich unseres Spektralphotometers beginnt bei 190 nm und reicht bis 2500 nm. Auch wenn eine Messkurve im Bereich des sichtbaren Lichts Originalität vortäuscht, jenseits des Sichtbaren werden die Unterschiede deutlich. Vor allem bei der Untersuchung im Infrarot zeigen sich die Unterschiede in der Regel sehr deutlich.

Aufwendiger, aber möglich, sind Altersuntersuchungen einer Lackierung über die Bestimmung von Resten an Lösungsmittel. Diese nehmen zwar beim Trocknen eines Lacks rasch ab, gehen aber selbst nach Jahrzehnten noch nicht auf Null. Mit Hilfe eines physikalischen Labors haben wir vor Jahren eine solche Untersuchung durchgeführt mit dem Ergebnis, dass der Lack „zu jung“ war. Selbst das Alter von Weißblech, über Jahrzehnte weg „der“ Werkstoff für unsere Sammlerstücke, lässt sich, wenn auch mit großem Toleranzbereich, bestimmen. Weißblech ist verzinntes Eisenblech. Infolge der immer vorhandenen thermischen Bewegung der Atome diffundieren über die Zeit hinweg vereinzelt Zinnatome in die darunterliegende Eisenschicht. Dieser Effekt ist messbar. Mit Hilfe des bereits erwähnten Labors gelang es uns vor einiger Zeit, einen angeblichen Prototyp von Märklin als Fälschung zu entlarven. Das Alter des verwendeten Weißblechs ergab sich auf höchstens 25 Jahre. Es hätten aber mindestens 70 Jahre sein müssen, um original zu sein.

Der zeitliche Aufwand für die geschilderten Untersuchungen, auch solche am Spektralphotometer, ist sehr groß. Wir haben daher beschlossen, derartige Messungen nicht mehr als Auftrag anzunehmen. Das Schlüsselerlebnis für diesen Entschluss ist tiefer gelagert.

Ein Kunde hatte uns eine Lok gebracht, die er für viel Geld erworben hatte. In der Zwischenzeit hatte er Argwohn, betrogen worden zu sein. Die Messungen ergaben eindeutig, dass der Verdacht berechtigt war. Wir – und auch sein Rechtsanwalt, der inzwischen involviert war – haben ihm geraten, die üble Sache zur Anzeige zu bringen. Lange hat er diese Entscheidung abgewogen und dann erklärt: den finanziellen Verlust (immerhin deutlich 5-stellig) könne er verschmerzen, nicht jedoch den zu erwartenden Ärger mit Hinblick auf sein Alter, vor allem auch mit Rücksichtnahme auf seine Ehefrau. Er nahm Abstand von einer weiteren Verfolgung der schlimmen Angelegenheit. Einige Zeit später trennte er sich von seiner ganzen Sammlung, die er über Jahrzehnte aufgebaut hatte. Die Freude an der Sache war verloren.

Diese Freude war und ist aber auch für uns das wesentliche Motiv für unser Tun. Streitereien oder gar Prozesse vor Gericht stehen zu dieser Freude im Widerspruch.

Wo es um Geld geht, womöglich gar um viel Geld, da stehen auch Betrüger „Gewehr bei Fuß“ und lauern auf Opfer. Das ist leider noch immer so. Um nicht zum Opfer zu werden, kann man nur dringend raten: „Holzauge, sei wachsam“.

Zum Glück gibt es aber auch „harmlose“ Arten von Gutachten, etwa dann, wenn es um eine bloße Wertermittlung geht. Dazu ein nettes Beispiel:

Die Unvollständige

In den späten 1980er-Jahren übergab mir Märklin eine Schlepptender-Lok mit der Achsfolge 2"B1' in der Spurgröße 1 in „Starkstrom“-Version. Der zugehörige Tender war nicht dabei. Dafür aber noch ein einzelner 4-achsiger Personenwagen mit Drehgestellen. Märklin hatte die beiden Stücke von einer Rechtsanwaltskanzlei bekommen mit der Bitte, ein Wertgutachten zu erstellen. Diese Bitte gab Märklin an mich weiter.

Die Typenbezeichnung der Lok in alten Märklin Katalogen ist „ECE“ (siehe auch Seite 19), die des Wagens „1931/I“. Bei beiden handelte es sich um frühe Versionen von etwa 1913. Lok und Wagen waren in ganz ungewöhnlich gutem Erhaltungszustand, original und bis auf die fehlenden Zuglaufschilder am Wagen auch vollständig. Der Bauzeit entsprechend war die Farbe der Lok blaugrau, wie bei der 1909 erschienenen „Württemberger C“, schließlich handelte es sich um deren kleinere Variante. Bemerkenswert war noch, dass der Motor keine Platinen aus Blech hatte, sondern ein Gehäuse aus Eisenguss. Der Wagen entsprach in der Ausführung genau dem im Nachtragskatalog „L13/M13“ (1913) gezeigten Bild.

Auffällig war neben dem fehlenden Tender, dass nur ein einzelner Wagen dabei war, eben kein Zug. Auch müsste irgendwelches Zubehör ursprünglich dabei gewesen sein. Mit einer entsprechenden Nachfrage wandte ich mich an die Anwaltskanzlei, verbunden mit dem Hinweis, dass die Wertschätzung der Lok mit Tender deutlich höher wäre, als ohne diesen.

Kurze Zeit später bekam ich einen Telefonanruf. Am Apparat war eine Dame, die sich als die Mandantin des Anwalts vorstellte. Sie sei jetzt 80 Jahre alt und dabei, ihren Nachlass zu regeln. Im Zuge dieses Vorhabens habe sie dem Rechtsanwalt die Eisenbahnstücke übergeben mit der Bitte um eine Wertfindung. Und dann begann sie zu erzählen:

Blick auf das Motorgehäuse aus Eisenguss

Die elektrische Eisenbahn habe ihr Bruder im Jahr 1912 zu Weihnachten geschenkt bekommen. Freilich sei damals der Tender dabei gewesen und insgesamt auch drei Wagen. Auch an Zubehör erinnere sie sich, sogar an solches mit Kerzenbeleuchtung (Bahnhof?). Ihr Bruder sei während des Ersten Weltkrieges vom Militär eingezogen worden und aus dem Krieg nie zurückgekehrt. In Erinnerung an ihren Bruder habe sie die Eisenbahn über die Jahrzehnte hinweg aufbewahrt.

Die Eisenbahn war auf der Bühne unter dem Dach aufbewahrt. Vor vielen Jahren waren dort Dachdecker am Werk gewesen. Sie hegte den Verdacht, dass bei dieser Gelegenheit die fehlenden Stücke abhandengekommen seien. Das sei aber lange her und beweisen könne sie natürlich nichts.

So gab ich auf Grundlage der mir vorgelegten Stücke das Gutachten ab. Rund ein Jahr später meldete sich der Rechtsanwalt nochmals. Die Stücke stünden jetzt zum Verkauf und ob ich dabei auf Grundlage meines Wertgutachtens behilflich sein könne. Dieser Bitte bin ich nachgekommen – ich kaufte die Stücke selbst.

Die „ECE“ ohne Tender (in früher blaugrauer Lackierung), mit einzelnem Wagen

Mit der „ENFY“ habe ich u.a. die Brot-Lok abgeholt

Mit vielen unserer Sammlerfreunde teilen wir nicht nur das Hobby Eisenbahnen

KAPITEL 9

Freundschaften

Elisabeth und Gernot Ritter bei den „Märklin Tagen“ 2013 in Göppingen

Oft schließen sich in Bereichen der Freizeitgestaltung Gleichgesinnte zu einer Art Freundeskreis zusammen, so auch beim Hobby „Eisenbahn“. Man trifft sich, tauscht Gedanken aus, zeigt womöglich stolz einen Neuerwerb, man teilt mit den Freunden die Freude, die die Beschäftigung mit der kleinen Eisenbahn mit sich bringt – und geteilte Freude ist doppelte Freude. So entstehen Sozialkontakte, die auch tiefer greifen können.

Ein Kunde, der zu einem solchen Freundeskreis gehört, holte bei uns eine Lokomotive ab und begann zu erzählen. Seine Frau war vor einigen Jahren verstorben und seither war es bei ihm zu Hause recht einsam geworden. Sohn und Tochter lebten im Ausland, da gab es nur gelegentlich Kontakt übers Telefon oder über „Skype". Andere nahe Verwandte waren auch bereits verstorben, das Leben in der Großstadt empfand er als recht anonym. Der Freundeskreis „Eisenbahn", dem er angehört, besteht schon seit Jahrzehnten. Er hatte aber nie geglaubt, dass dieser für ihn und für sein Dasein einmal eine solche Bedeutung bekommen sollte. Man trifft sich dort so ungefähr alle zwei Wochen und beim Abschied freut er sich jedes Mal schon auf das nächste Treffen.

Erstaunlich ist auch die Vielfalt der beruflichen Schichten, aus denen die Mitglieder solcher Freundeskreise kommen. Da sitzt der Lagerverwalter neben dem Rechtsanwalt, der Busfahrer plaudert mit dem Augenarzt und der Chemie-Professor schaltet sich in die Fachsimpelei ein, die der Architekt mit dem Getränke-Großhändler gerade führt. Viele sind bereits im Ruhestand, aber nicht alle. Das Hobby verbindet auch die Generationen.

Die Beschäftigung mit der Eisenbahn kann auch tiefe Freundschaften schaffen, die über die Jahrzehnte hinweg währen. Einige Beispiele sollen zeigen, wie wir das selbst erfahren durften.

Schon beim Aufbau unserer eigenen Eisenbahn-Sammlung lernten wir durch eine Suchanzeige bezüglich Eisenbahn einen Juristen und späteren Richter kennen. Dieser wollte damals einige alte Stücke seiner Anlage abgeben, weil er inzwischen mehr zur „Finescale"-Bahn neigte. Rasch haben wir uns angefreundet. Später dann, bei der Gründung unserer Firma, hat uns dieser Freund bezüglich der Formalitäten bestens beraten. Mit unseren Familien fuhren wir oft gemeinsam in den Urlaub, die enge Freundschaft dauert noch immer fort.

In den frühen 1980er-Jahren lernte ich über die Eisenbahn einen Sammler kennen, der – wie ich – auch ein begeisterter Flieger war. Einige Jahre später machten wir in Kanada gemeinsam die Ausbildung zum Wasserfliegen. Andere gemeinsame Unternehmungen folgten. Das Sammeln alter Eisenbahnen hat dieser Freund inzwischen aufgegeben, aber die Freundschaft besteht weiter.

Mit einem anderen Freund, den ich ebenfalls über die „Spielbahn" vor vielen Jahren kennenlernte, konnte ich mich halbe Nächte lang über Raketentechnik und Weltraumforschung unterhalten, die Eisenbahn war da höchstens noch Thema am Rande. Während seiner aktiven Berufszeit war dieser Freund wesentlich an der Entwicklung der Trägerrakete Ariane 5 beteiligt. Leider ist er inzwischen verstorben, aber die Erinnerung wird bleiben.

Beispiele dieser Art könnte ich noch einige geben. Am Beginn stand immer die Beschäftigung mit der kleinen Eisenbahn, daraus wuchsen dann die Freundschaften. Wenn es ein zweites Leben gäbe, ich würde mich wieder mit der Spielzeugbahn befassen – schon allein solcher Freundschaften wegen.

oben: Märklin Replika Tanklaster 1993. Von uns lackiert als DAPC, mit passender Zapfsäule.

unten: zwei restaurierte Buicks.

rechts: ehemaliger Märklin Reichspost-Transporter, jetzt passend zum Gussauto 8017 in „Firestone Phoenix“-Lackierung

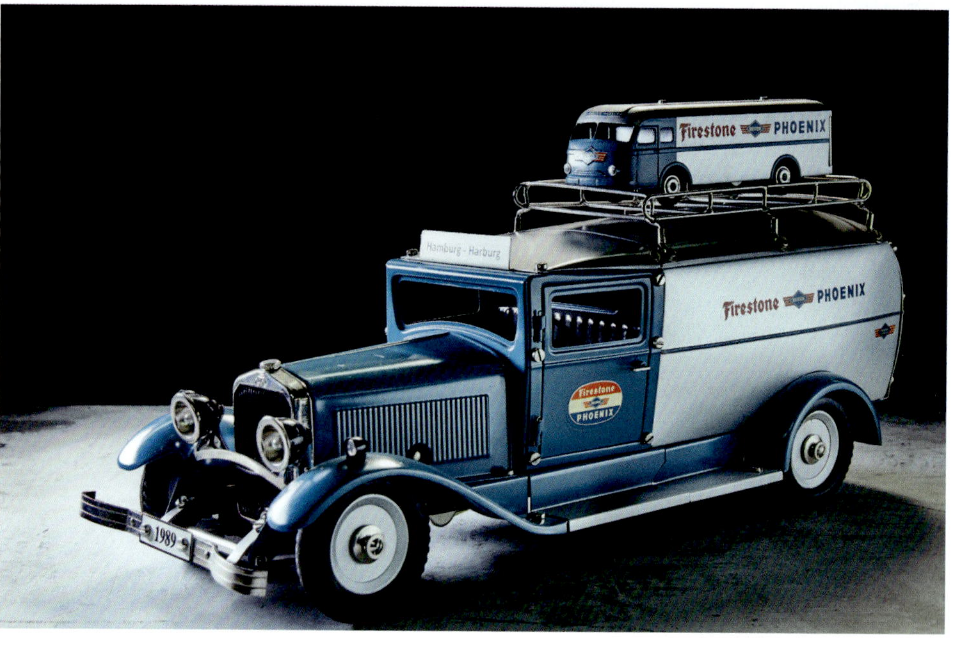

Nachwort

Die Freude, die ich als Schulanfänger empfunden habe, nachdem mir die Biegung der Schüttenmulde des Kippwagens, den mir Opa geschenkt hatte, so toll gelungen war, ist nur sehr schwer zu beschreiben.

Mit der Freude ist es ein wenig wie mit dem Lachen. Wenn jemand herzlich lacht, dann lacht man selbst mit, oft auch dann, wenn man die Ursache des Lachens noch nicht so ganz verstanden hat. Freude kann auf andere überspringen.

Wir durften dies oft erleben. Wenn etwa ein Kunde seine Lokomotive frisch restauriert zurückerhielt, ungefähr in dem Zustand, in dem er die Lok vor vielen Jahrzehnten zu Weihnachten bekommen hatte. Die Freude, die ihm dann im Gesicht stand, hat uns mehr entlohnt, als die Begleichung der Kosten.

Immer wieder kommt es vor, dass uns ein Großvater seine Spielbahn aus Kindertagen zum Richten bringt. Oft schlummerte die Bahn über Jahrzehnte auf dem Dachboden, inzwischen aber ist der Enkel im passenden Alter. Die Eisenbahn verbindet die Generationen. Wenn dann der Opa zusammen mit seinem Enkel die Bahn bei uns wieder abholt, dann freut sich der Opa, es freut sich der Enkel, der jetzt die Bahn verfügbar hat und es freut uns, die wir diese Freude miterleben dürfen. Die Freude springt da immer auf uns über.

Ohne diese Freude und deren Fähigkeit, überspringen zu können, gäbe es dieses Buch vermutlich nicht, denn Freude an unserer Arbeit war für uns stets die wesentliche Motivation.

Freude ist keine physikalische Größe, es gibt keine definierte Maßeinheit für Freude. Es gibt auch keine Parität von Freude gegenüber dem Euro oder sonst einer Währung. Freude ist unbezahlbar.

Spielzeug kann viel Freude machen und Freude ist ein sehr hohes Daseinsgut, vielleicht das höchste überhaupt. Wer weiß?

RITTER RESTAURATIONEN

Tel.: 07022 – 94 99 55 • E-Mail: info@ritter-restaurationen.de • www.ritter-restaurationen.de

HEEL Verlag GmbH
Gut Pottscheidt
53639 Königswinter
Tel.: 02223 9230-0
Fax: 02223 9230-13
E-Mail: info@heel-verlag.de
www.heel-verlag.de

Autor: Gernot Ritter
Co-Autor: Elmar Ritter
Gestaltung: gb-s Mediendesign, Königswinter
Lektorat und Projektleitung: Ulrike Reihn-Hamburger

Fotos: Volker Debus und Archiv der Autoren
Mit Ausnahme von:
S. 41: Ralph Handmann
S. 44: Mit freundlicher Genehmigung der Gebr. Märklin & Cie. GmbH: „Die elektrische Spiel-Eisenbahn. Ihre Arbeitsweise und Bedienung und einiges von ihren Vorbildern", ON 0333, S. 28/29:
S. 85: John Bly, „Heirloom. An Introduction to Antiques", Chancellor Press, ISBN 1-85152-294-8, S. 106, Foto: ©Sotherby's

Printed in Slovakia

ISBN 978-3-96664-020-6

Hergestellt für die HEEL Verlag GmbH von Neografia, a.s. unter Verwendung FSC® zertifizierten Materials.

FSC
www.fsc.org
MIX
Papier aus verantwortungsvollen Quellen
FSC® C020353